Lovely Mushrooms

うつろあきこ

Akiko Utsuro

［きのこ監修］

保坂健太郎［国立科学博物館］

イースト・プレス

プロローグ

きのことの出会い

とこのように
おいしい
きのこたちですが
マツタケ
ごはん
なめこの
みそ汁
しいたけ ホイル焼き

わたくし少々
別の角度から
きのこを楽しんでおります

カシャ
カシャ

ただ今
きのこ
楽しみ中

うっとり
はあ
ツヤツヤの
ツノマタタケ
かわいい…

わたしのきのこの
楽しみかた
見つける
はっ
愛でる
じろ
じろ
触ってみたり
写真を撮る
ホホホホホ

そもそもは ある夏の終わり
毎年行っている
長野の山荘を
散歩していたときのことでした

今年は
きのこが豊作
らしいね
そう
らしい
ねえ
全く
キョーミなし
あ、そこにも
茶色いの
生えてる

ふーーーん…

そこにも
よく見ると いろんなの あるね

ん？

この赤いの 何？
本で見たこと あるけど タマゴタケじゃ ない？

ふえー…
きれい…

タマゴタケって食べられるらしいよ
へ――こんなに色あざやかなのにィ？

翌日――

ガバッ

きのうのタマゴタケどうなったかな？
まって
スタタ…

2本になってる〜〜〜
ズコ

え――

じゃ
こっちの
大きいほうが
きのうの
タマゴタケで
こっちの
小さいほうは
今朝生えてきた
ってこと!?

きのうまで
何もなかった場所に
♪

ある日 忽然（こつぜん）と
姿を現す不思議
はうっ

そんなものに魅せられて
もっと知りたい
もっと他のきのこも
見てみたい
わたしは少しずつ
きのこに
はまっていったのでした

CONTENTS

その1
阿寒湖で新井文彦さんに会う

傷をつけると
赤い汁がでる
チシオタケ
ツヤツヤ緑色の
ワカクサタケ
かわいい
フォルム
アカヤマタケ

いいなあ

それにしても
このきのこたちは
どこに行けば
見られるん
だろう…？

山に行けば
いいの
かな？
都会じゃ
無理なの
かな？

親父の代から
マツタケ
ひとすじよ
なんとなく
こういうのとも
違う気がするし…

などと思っていたら
見つけた きのこツアー
阿寒湖周辺で
きのこを
見るんだって
何それ素敵

ごくり
阿寒湖…
北海道…
遠いけど
行くしかない…!!

ゴー

阿寒
オンネトー

どうぞ
この長ぐつ
使ってね
よろしく
お願い
しまーす
ぼく
今日のために
いいカメラ
買っちゃった
ホク
ホク
男は
たいてい
道具から
入る…

案内してくださるのは
写真家・新井文彦（あらいふみひこ）さん
ウエブサイト
『ほぼ日刊イトイ新聞』などでも
連載中の
人気の写真家さんです

『きのこの話』
を書いた
人だ
このあたり
から入って
いきましょうか

たまに
熊も出るから
気をつけて
カランコ
カランコ
熊鈴

わあ

なんだか
いいにおい…
トドマツの
においですよ
トドマツは
日本では北海道にしか
自生してないんですよ

ひんやりした空気と
清々しいトドマツのにおい
ざく
ざく

さっそく
見つけましたよ
これは
オニイグチモドキ
おお…!

スギタケ
モドキ

ツガサルノコシカケの幼菌（子どもの姿）

この水みたいなのは何…？
汗かいてるんですよ
ツガサルノコシカケってこうして飽和した水分を外に出しているんですよ
へーえ
次々ときのこを見つけていく新井さん

おっ この小さいのはニカワホウキタケ
ち小さい…

よく見ると
倒木の上はコケときのこのワンダーランド

ずっと見ていられる…!!
はは… なかなか先に進めないよね
じー

この一面緑にしか見えない空間に様々なきのこが隠れているのが不思議です
慣れてきて「きのこの目」になってくると見つけられますよ

あっ

これはキツネノカラカサかな？
おお
カシャコン
カシャコン

自分で見つけると大変うれしい
じーん
何のきのこかはどうでもいい

こんな森が近くにあるなんていいなぁ
でしょう？

冬はマイナス10℃以下になるけどね
住むのは大変そうですが…

新井さん
これ
なんですか?
ああ
それ

ロクショウ
グサレキン
このきのこで
染め物をする人も
いるんですよ

え——
きのこで
染め物
見て
周りの木も
青く
染まってる

こんなに
あざやかな
きのこなら 確かに
染め物ができそう

はは…
すごいの
見つけた
え?
ちま〜

おお…

ドクツルタケ
ひょい

猛毒のきのこですよ
1本で2人くらい死ぬんじゃないかな？
2人…

タマゴタケとは
対極にあるような
かっこいい…
凛々しい姿が
心に残りました

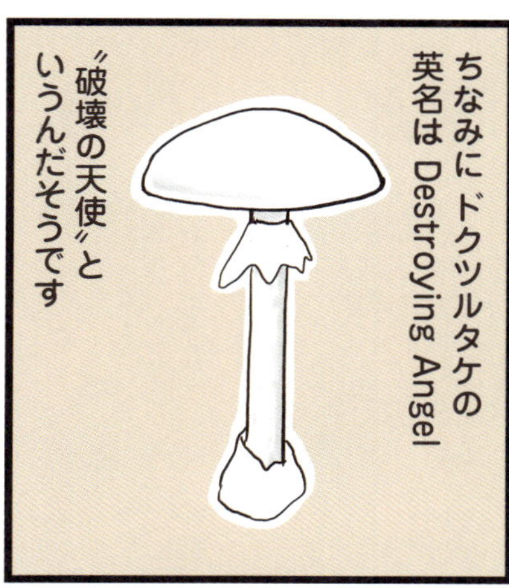
ちなみに ドクツルタケの
英名は Destroying Angel
〝破壊の天使〟と
いうんだそうです

今日は
きのこ
たくさん
見られて
楽しかった
ねー

あ
ラウンジバーで
9時から
パラグアイ
ハープの演奏が
あるって
あとで
来て
みる?

きのこ
旅行…
けっこう
いいかも…

Amanita caesareoides

その2
白神山地で雨に打たれてきのこ探し

「きのこ展」って何やるんだろう？
くるんいるの？

わ――大盛況だ

マッシュルームのつかみ取りや
きのこ料理の屋台を抜けて
きのこスープでーす

メインのきのこ展示の会場に入ったとたん

うっ

ムッとくるきのこ臭におそわれました
きのこだらけ
これだけあると 強烈

これ全部触ってみていいんだって
え——
ニオイコベニタケ
ベニタケ科
カブト虫臭
カブト虫臭…？

触ってみていいっていわれても…
あこのピンクのきのこかわいい

カブト虫のにおいなんて知らな…
くんくん

あれ？
いいにおいするよこれ

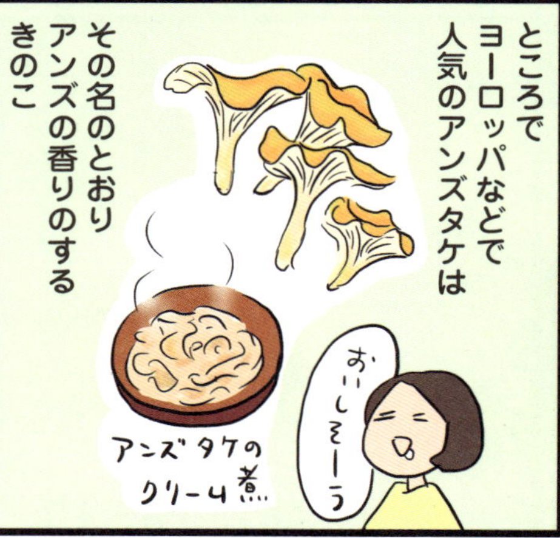

※日本にもアンズタケ類は生えるが、アンズの匂いはほとんどしない。

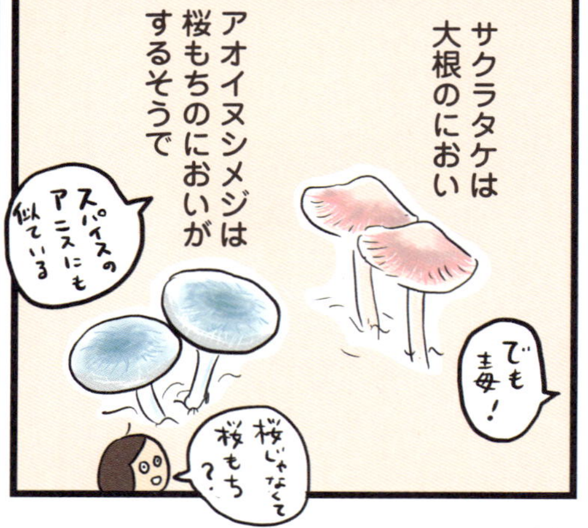

きのこ展は他にアートコーナーがあったり
園内を案内しながらのトークがあったり
こっちでーす
どこも大盛況
きのこに興味のある人がこんなにいるのかと驚きました
楽しかったねぇ
ニオイコベニタケ覚えた
カブトムシ臭
きのこ展もいいけどやっぱり生えてるきのこが見たいなあ
そうね――
白神山地なんてどうかしらん
SNSでもきのこの写真アップしてる人いたよ

世界遺産？
原生的なブナ林？
いいねえ!!
湿気も
多そうだし
きのこ たくさん
ありそう
MAP

そのとき わたしたちは
知らなかったのです
よし!!
次の
きのこ旅は
白神山地
だ！
オー
きのこは
時期やタイミングを選ぶ
はかない生き物だと
いうことを

ブロロ…
それは8月の終わり頃

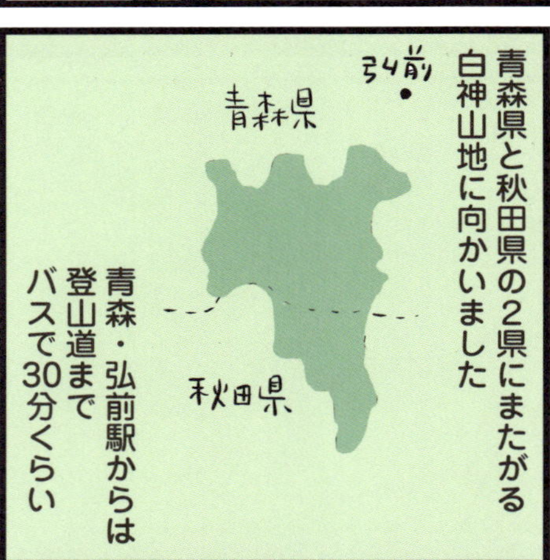
青森県と秋田県の2県にまたがる
白神山地に向かいました
弘前
青森県
秋田県
青森・弘前駅からは
登山道まで
バスで30分くらい

今回は
折りたたみの長ぐつを
持ってきました
ぬかるみに
便利！
阿寒で
学びました
このへんから
登山道だね

あっ
ギンリョウソウが
生えてる
幸先いいよ

ギンリョウソウとは
きのこに寄生する植物
ギンリョウソウがあるところには
きのこがあるといわれています

ざっし
ざっし

おかしいな
あんまり
ないね
ここに
ボロボロの
残がい
みたいなのが

探しかたが
悪いのかな？
ぜい
ぜい
思ったより
全然ないなー
そう…
きのこって いつでも
待ってくれてるわけでは
ないのです

あ

雨が降ってきてしまいました

降ってきたし帰ろうか?
え?もう少し行ってみようよまだ先に何かあるかも
えー

ビタ
う
ビタ

雨が
雨がいたい

すごい降ってきたよ
ビタ
ビタタタ

ザーッ
引き返そう!!
いやあぁ
ザザッ

ちっちゃい白いきのこあったよ
わー
わー
み…みてられないよ

駐車場に戻る頃には
はひ
ジャー

雨はすっかりやんでいたのでした
あと40分くらいある
帰りのバス何分だっけ？

あれ？植え込みのところにきのこ生えてるよ

ホントだ
かわいい
※ヒナノヒガサ
こっちにも
たくさん
生えてるよ
※シロソウメンタケ
そして
あっ
ニオイコベニタケ
カブト虫臭の…
山から
おりてきた
とたんに
見つかる
なんて
生えてる姿
こんなふう
なんだ
ホー
おもちのように
土に埋まっている
おーい
バスもうすぐ
来るよー
なんだか
旧友に会えた
ような気持ち

Coprinopsis atramentaria

その3
きのこの勉強会できのこの神秘を感じる

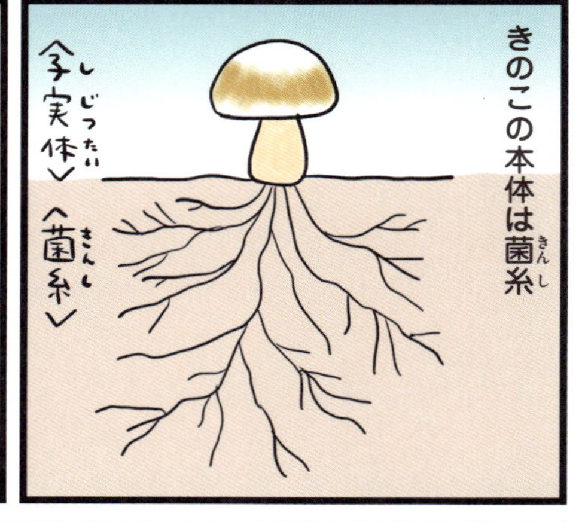

白神山地以来
自らの
適当ぶりを反省し

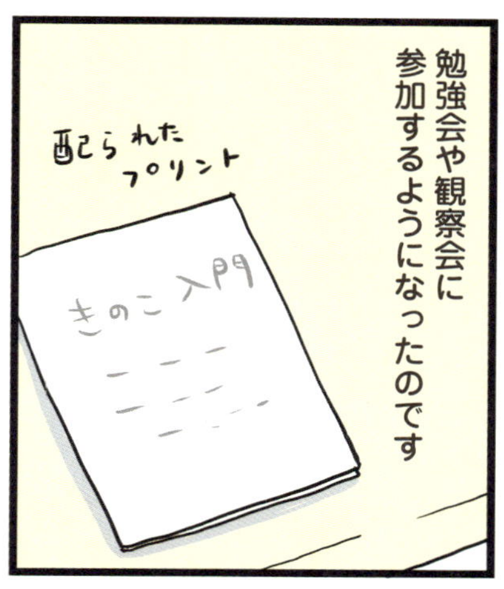
勉強会や観察会に
参加するようになったのです
配られたプリント
きのこ入門

いろんな人が
来てるなー

先輩の人も
若い人も…
やや男の人が
多いかな

きのこというのは
菌類です
カビや酵母と
同じ仲間です
ウィルスとは
ちがうよ

ほーう
きのこが森の掃除屋
だというのは聞いたことが
ありますね？

先生のお話をわたしなりにまとめると…
きのこは
枯れ葉や枯れ木を分解し
土にかえしてくれる
このへんは小学校で習った気がする
この仲間たちを腐生菌という
森のそうじやさん
さらに別の仲間たちは
特定の木と共生関係を結んでおり
この仲間たちを菌根菌という

菌根菌は 土の中で樹木の根とつながることで
お互いに養分や水分を与えあって
生きているのです
そのおかげで木も大きく成長する!

マツタケは
マツと共生している
菌根菌
共生してる
マツが枯れたら
マツタケも生えて
こなくなりますねー
はんはん

現在きのこは
名前のついてるものだけでも
日本で3000種
世界で2万種あり
名前のついてないものを入れると10万種くらいはあるといわれています
ほぼ8割は名前がついていない

ところで地球上で一番大きな生物って何かわかりますか？

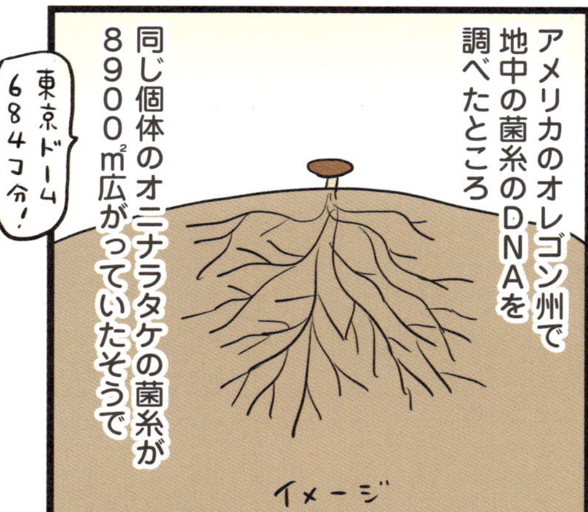
アメリカのオレゴン州で地中の菌糸のDNAを調べたところ
同じ個体のオニナラタケの菌糸が8900㎡広がっていたそうで
東京ドーム684コ分！
イメージ

というわけで今のところ地球最大の生き物はこのオニナラタケだといわれています

え——
クジラやゾウじゃなくて
きのこが？

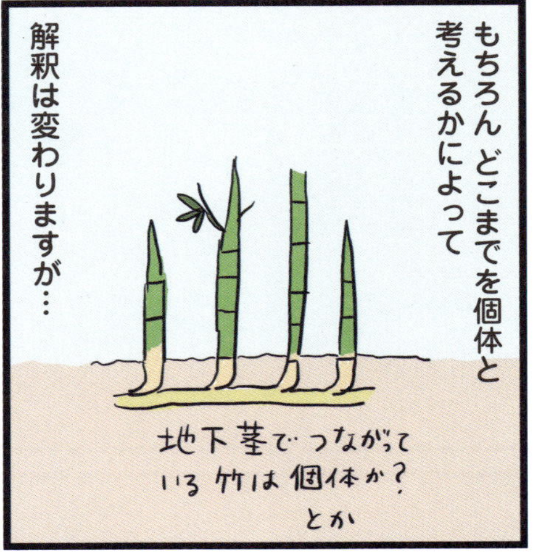
もちろん どこまでを個体と
考えるかによって
解釈は変わりますが…
地下茎でつながって
いる竹は個体か？
とか

え――
それでは みなさん
外に出てみましょう

ここは都内 千代田区の公園
みなさんの
目の前にある
花壇に
きのこ生えて
ますよ

え？

よーく見ると
小さい薄オレンジ色の
きのこが
シバフタケ
です
わ――
シバフなんて
じっくり見たこと
ないから…

こっち
行きますと
木の上に ほら
ぞろ
ぞろ
キクラゲ
ですよ
おお
生えてる
キクラゲ
はじめて
見たわー
キクラゲ
ってあの
キクラゲ？
乾燥しか
しらない
フルフルだ
アラゲ
キクラゲと
キクラゲが
ありますが
これは
キクラゲの
ほうですね
アラゲキクラゲ
キクラゲ
えーと
こっちに
確か…
ぞろ
ぞろ
？
いや
こっちでした
ぞろ
ぞろ

黄色いのがヒナアンズタケ
アンズタケの仲間です
向こうのはキチャハツ

これは…んー何かなベニタケの仲間だと思いますよ
そういえば名前のついてないきのこが大半だって

都心の公園でこんなにきのこが見られるなんて驚きです
先生 次々見つけていきますねー
一度ぐるっと下見するんですってよ
それに毎年同じ場所に生えるから見当がつくんですって

なるほど——
きのこって生えてきたら次の年もそこに生えるのか——

そこの自転車の足元にもほら…
?

あっ

ササクレヒトヨタケです
なぜ こんなところに――

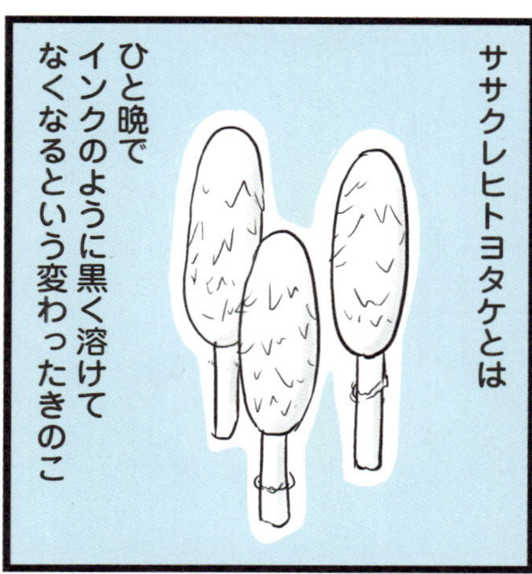
ササクレヒトヨタケとは
ひと晩でインクのように黒く溶けてなくなるという変わったきのこ

その黒くなってるのは溶けたわけじゃなくて泥ですね
あら

インクみたいに溶けるって
どんなんだろう…？

見てみたいなー
と思っていたら
こっちにホソネヒトヨタケが生えてますよー

同じように ひと晩で溶けるきのこ
ホソネヒトヨタケの成長した姿を見ることができました
おお…こう溶けるのか…!!!

同じきのこか
どうかって
どうやって
見わけるんですか
傘の裏を
見たり
トイレのうらに
生えていたツルタケ

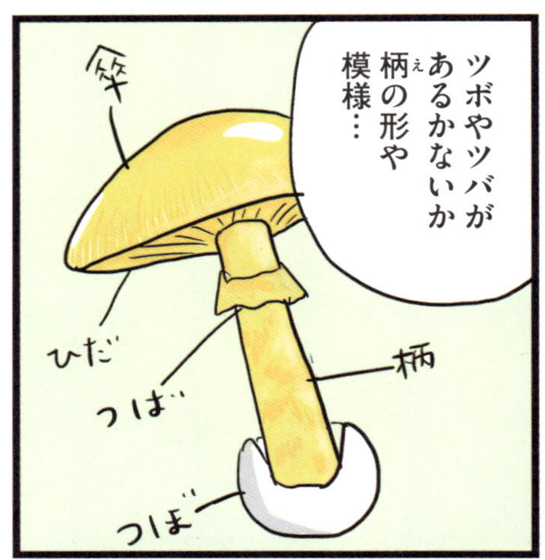
ツボやツバが
あるかないか
柄の形や
模様…
傘
ひだ
つば
柄
つぼ

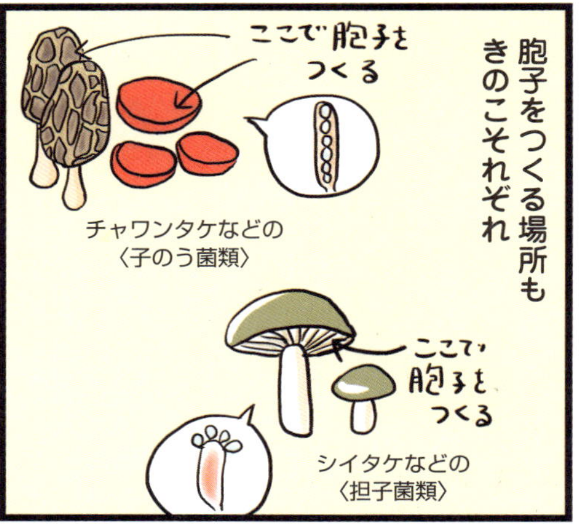
胞子をつくる場所も
きのこそれぞれ
ここで胞子を
つくる
チャワンタケなどの
〈子のう菌類〉
ここで
胞子を
つくる
シイタケなどの
〈担子菌類〉

最終的には
DNA分析して
みないと
わからないことも
ありますね

進化の歴史でいえば
光合成しない
+
まわりの栄養分を
消化・吸収する
光合成して
栄養分を
自ら作る
きのこは
植物よりも
動物に近いのだとか
ヒマワリ
きのこ
ヒト

白線の内側に
お下がりください
きのこのこと
いろいろ
知った

目に
見えている
いつもの世界
ガタン
ガタン

見えていないところにも
世界が広がっているかと思うと

いつもの風景も
違って見えるのでした
不思議
…

きのこ写真館 1

Photo Museum of Mushrooms #1

タマゴタケ

幼菌の頃は白い膜に覆われ、
その姿はタマゴのよう。
そこから赤い傘と黄色い柄を
伸ばして生えてきます。
鮮やかな赤い色と、つるりとした
フォルムのかわいらしさは、
何度見てもトキメキます。

写真提供=りんごきのこ

学名：*Amanita caesareoides*
科名：テングタケ科
暮らし方：菌根菌
生える季節：夏から秋
有毒 or 食用：食

ハナオチバタケの仲間

雨がまとまって降った後などに、
枯れ葉の上に群生してるのが
公園などで見られます。
華奢で可憐なきのこです。

学名：*Marasmius sp.*
科名：ホウライタケ科
暮らし方：腐生菌
生える季節：夏から秋
有毒 or 食用：不明

キイボカサタケ

とんがり頭と鮮やかな黄色が
キュートなきのこ。
色違いにシロイボカサタケ、
アカイボカサタケがあります。
赤白黄どの色も愛くるしく、
たまに混生していることもあります。

学名：*Entoloma murrayi*
科名：イッポンシメジ科
暮らし方：腐生菌
生える季節：夏から秋
有毒 or 食用：毒

ニカワホウキタケ

珊瑚のような
枝分かれした形のきのこです。
とても小さいきのこですが、
その色と形で森の中で目立ちます。

学名：*Calocera viscosa*
科名：アカキクラゲ科
暮らし方：腐生菌
生える季節：夏から秋
有毒 or 食用：毒

その4
きのこを探してあっちへこっちへ

都会でも
きのこを楽しめると知ってから
今日
どっか
行く？
きのこ
見に行きたい

土日などに
きのこ散歩に出かけるように
なりました
明治神宮
人少ないねー
そうねー

明治神宮は
森に入ってはいけないので
道側からながめます
何か生えて
ないかなー

木の根元に
ラッパみたい
なのが
生えてる

ウスタケの
仲間かなあ
かわいい
名前はわかったり
わからなかったり

あそこー
何か立派なの
生えてるー
おお…

あれ
なんだろー
近くで見られないのは
残念ですが
荒らされたり
折られたりしてないのが
うれしい

ところで
きのこというと
秋
のイメージですが

実際には 1年を通して
それぞれの季節ごとに
それぞれ生えるきのこがあり
雨ふってる
きのこ
生えるかな
梅雨どきにも
たくさんのきのこが顔を出します

長雨の合間に
枯れ葉から顔を出す
たくさんの
ハナオチバタケ

雨に打たれた
ドクベニタケやツルタケ

きれいだな
平日などはひとりで出かけることも
近所の公園

さっきから同じところをうろうろするわたしをあの人たちはどう思ってるんだろうか…？

公園の中には
何かをする人たちでいっぱい
軽食をとる人
ジョギングする人
散歩中のママたち

その中で地面を見つめてただひたすらさまよう女…
きのこ
きのこ
※何も見つけられないときはとてもむなしい…

はっ
あの人は

わたしと同じ
ただブラブラ
してる人!!
さっきも
すれちがった
!!
フラ〜〜

もしかして
きのこですか
キラン

きのこです
あなたも

健闘を
祈ります
ええ
あなたもね
ビビビ…
目と目でそんな会話が
できてる気がします

きのこ
ですね
じーー

え?
いえ
コケです
ときどき
違うかも
しれませんが…

今度
長野にも
また行って
みない？
あ
いいね

はじめてタマゴタケを
見つけた 長野県の軽井沢町

ここには父が1年の半分くらい
暮らしており
わたしたちも休みになると
ときどき遊びに行くのでした

きのこ目的で
行くなんて
はじめてだな…
ズー
coffee

荷物を置いて すぐ散策開始
いって
きま――す
えっ もう
どっか行くの

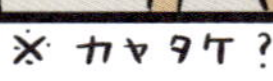
※カヤタケ？

※モリノカレバタケの仲間？

何撮ってんの？
あ
かわいぃ
きのこ
あったよ

木のうろに
小さーいベニヒガサ

へーー
こんな
小さぃの
よく
見つけたね
そお？
ふつうよ

ズン
お————い

キミの
通り
すぎたあとに
こんな大きい
カラカサタケあったよ
くっ
敗北感…

それにしても
今まで何度も
通りすぎた道で
こんなに
きのこが
見つかるなんて
見ようと
しないと
見られない
もんだなー

あれまた
イボテング
タケが
あったよ
多いね

アカマツ
かな？
はっ
あれ

すごい…
足の踏み場も
ない…

そんなこんなで
東京に戻ってからも

ボーー
ほうれん草
足赤い…

アシベニ
イグチ…
にてる…

バライロ
ウラベニ
イロガワリ…

ササクレ
ヒトヨタケ…

菌（きのこ）わずらい
ますますひどく
なってきました…

Marasmius pulcherripes

その5
きのこ同好会のみなさんと富士山観察会へ

石川さんの紹介により
入る?
入りたい
きのこ同好会に入会

そして本日は――

きのこ同好会のみなさんと富士山観察会です
あ―― こっち こっち

朝4時に起きて6時半に集合
おはようございます―
ねむい

バスで5合目まで行きそこから3合目まで下(くだ)ります

奥庭コースを下りたいかたはこちらからー
きのこ同好会のメンバーは50代～70代くらいのベテランぞろい
ぞろ
ぞろ
遭難しないように

きのこのキーホルダー

よく見ると
みんなどこかにきのこを身につけている
きのこワッペン
きのこバンダナ
きのこストラップ

きのこ愛…
キュン…

その中でも大ベテランの
金井さん（仮名・推定74歳）についていくことにしました
皆に一目おかれている

置いていかれないようにしなくちゃ
さっさっ
って金井さん早いな

富士山の森の足元はフカフカのコケ
たまに大きい穴があるから気をつけてー
倒木や木の根もあって歩きづらいです
ミシッ…
わたしもねえ 今回はじめての富士山参加なんですよ
あ 仲間ですね
わたし「野鳥」から入りましてね…「虫」「植物」を通りまして
「きのこ」にたどり着いたわけなんですが…いやあ きのこで壁にぶつかってますすよ
なにしろ種類が多すぎる区別もつきにくい難しすぎますよっ
そっそうなんですか
野鳥の比じゃない
あ 渋い感じのきのこ
なんでしょうこれ

ケロウジ

傘の裏に特徴があるよ
金井さん
いつの間に

シイタケの傘の裏はヒダ
（ヤマドリタケ）
ポルチーニなどのきのこは裏がスポンジ状になっていますが
イグチの仲間

このケロウジは
あ

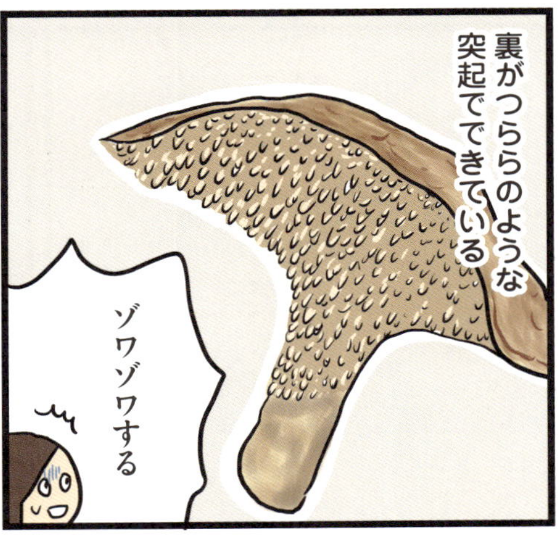
裏がつららのような突起でできている
ゾワゾワする

それで金井さんあっ…
遠…

金井さんは天狗のように変幻自在
あら？
さっきまであっちにいたのに

追いついた…

これはハナガサタケ
わーきれいなきのこですね

表面の鱗片（うろこへん）が特徴だよね
へー
つくりものみたい

？
なんだろうこの指みたいなきのこは…

？
つんつん
頭の部分（傘）が取れたのかしら

それは
フジウスタケ
だよ
フジウスタケの
幼菌だね
フジウス
タケ…？

あ
フジウスタケ
ラッパ型の
きのこ

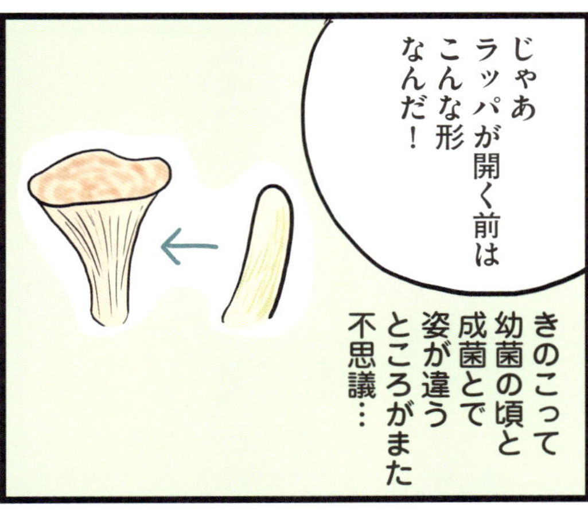
じゃあ
ラッパが開く前は
こんな形
なんだ！
きのこって
幼菌の頃と
成菌とで
姿が違う
ところがまた
不思議…

例えばテングタケの場合
？
白いきのこ
かな

1日後
あ

3日後
こうなる
のね――
…

マントカラカサタケの場合

数日後
こうなるわけねーー
さわ

こんなふうに老菌になっちゃうともうわからない

今のはヌメリササタケですよ
野鳥はわかるんだけどなー

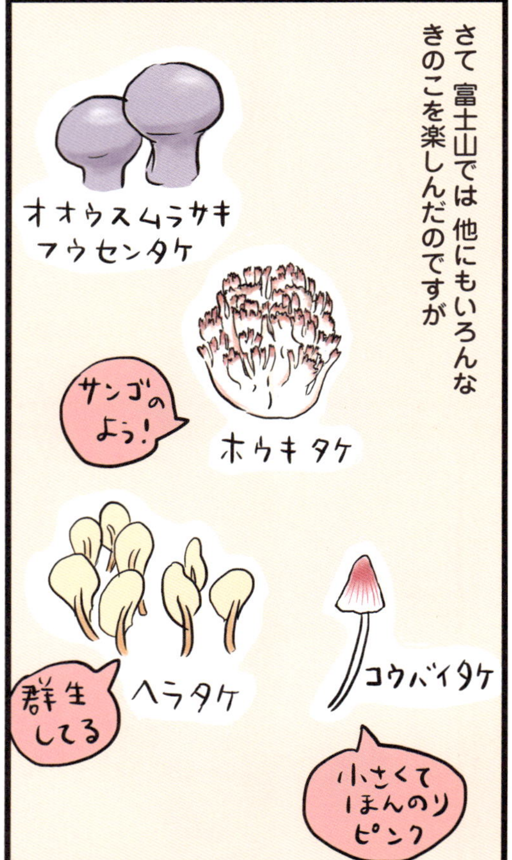
さて 富士山では 他にもいろんなきのこを楽しんだのですが
オオウスムラサキフウセンタケ
ホウキタケ
サンゴのよう!
ヘラタケ
群生してる
コウバイタケ
小さくてほんのりピンク

一番心に残ったのは
それはねぇ
ウツロ
ベニハナ
イグチ
ウ・ツ・ロ・
ベニハナ
イグチ

カラマツベニハナイグチとそっくりなんだけど柄が中空なんだよ
わたしと同じ名のきのこ…
なんかうれしい…
しかもかわいい…！

柄の部分の中が空洞なのでウツロ（空ろ）なのだそう
表面はフカフカ

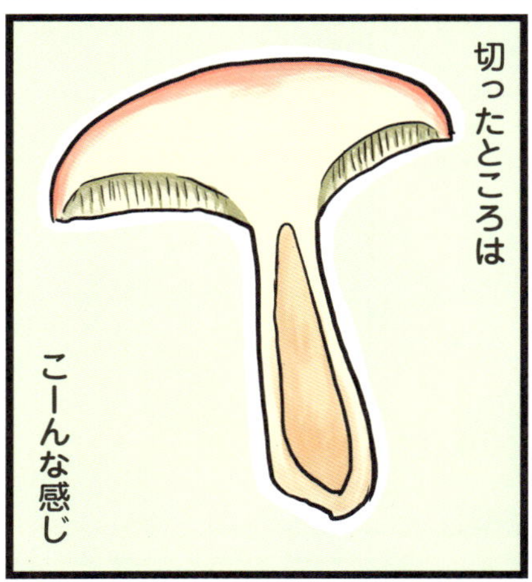
切ったところは
こーんな感じ

何？自分と同じ名前？そりゃしっかり覚えておかなくちゃね！

さっ
さっ
初心者がもたついている間にベテランは3倍速で移動
特徴は…と
メモ
メモ

3合目に近づいた頃
カランコ
カランコ
熊鈴
…

あ
同じ班の
人だ
カラン
カランコ
どうもー

散りぢりになっていたメンバーが
合流しはじめました
よいしょ
みんな
どこに
いたんだろう
カランコ

それにしても
ベテランのみなさんの
健脚なことよ…
カラコン
カラコン
ぜいぜい
もう
あんな
ところに…

平地でさっそく勉強会
これは
ハラタケ類の…
わいの
わいの
夫も
元気

わいの
へたばる
わたし…
もう
無理だ…

Amanita ibotengutake

その6
食べるきのこ&きのこ鍋

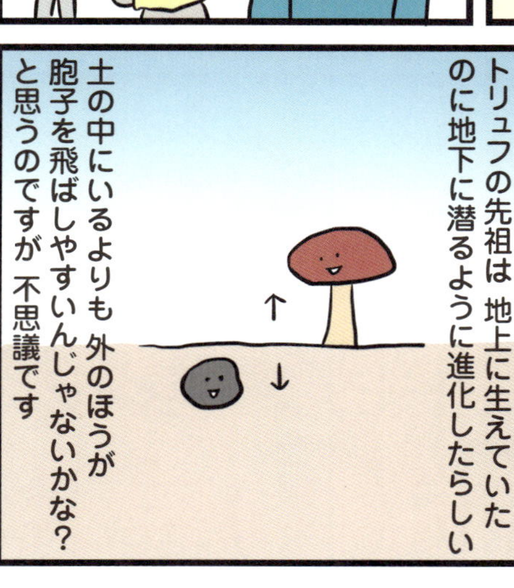

※ポルチーニとよばれるものは、ヤマドリタケおよび近縁種のうち、食用にされる複数種。

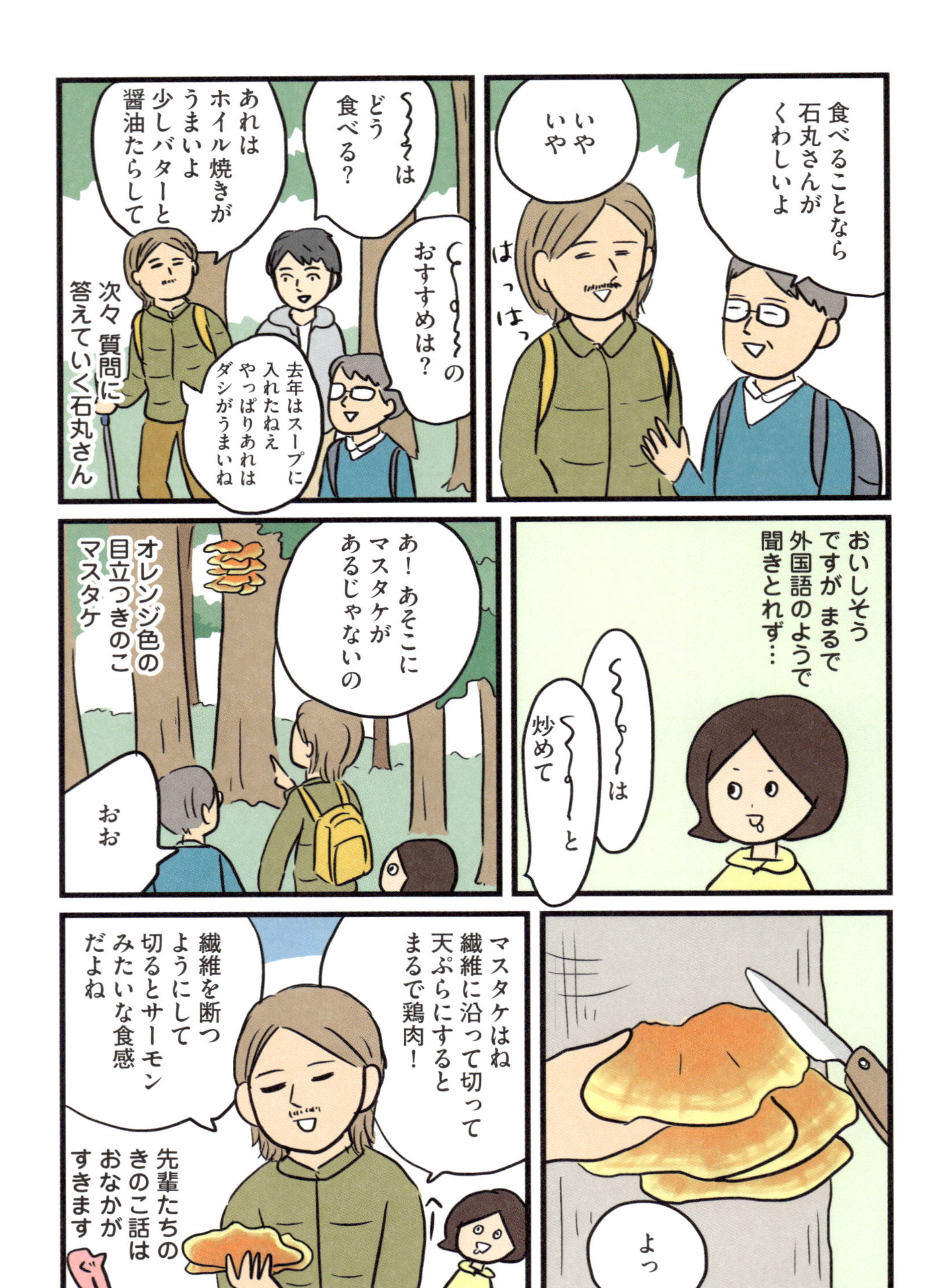

食べることなら石丸さんがくわしいよ
いやいや
はっはっ
〜〜〜のおすすめは？
〜〜〜はどう食べる？
あれはホイル焼きがうまいよ少しバターと醤油たらして
去年はスープに入れたねえやっぱりあれはダシがうまいね
次々質問に答えていく石丸さん
おいしそうですが まるで外国語のようで聞きとれず…
〜〜〜は
〜〜〜と炒めて
あ！あそこにマスタケがあるじゃないの
おお
オレンジ色の目立つきのこマスタケ
よっ
マスタケはね繊維に沿って切って天ぷらにするとまるで鶏肉！
繊維を断つようにして切るとサーモンみたいな食感だよね
へー
先輩たちのきのこ話はおなかがすきます

観察会などでは
このきのこ
食べられる
きのこ
ですか？
と聞く人が
よくいますが

ベテランのかたがたは
こう返している
一度は
食べられる
きっぱり

これは
一度っきりなら
まあ
お陀仏になるかも
しれないけれども
食べられるよ
という
きのこギャグ

これ
食べられ
ますかね？
一度は
食べられる！
ハハハハハ…
また
きのこギャグ
いってる…！

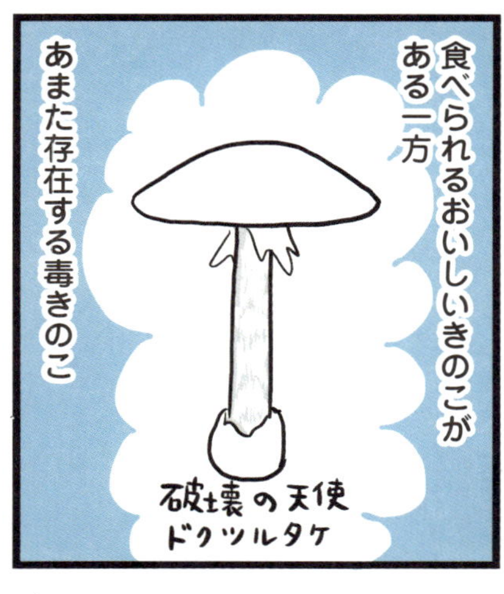
食べられるおいしいきのこが
ある一方
あまた存在する毒きのこ
破壊の天使
ドクツルタケ

この つるっとした
黄色いきのこは
なんだろう

こりゃあ
キタマゴタケ
だね
黄色い
タマゴタケ
？

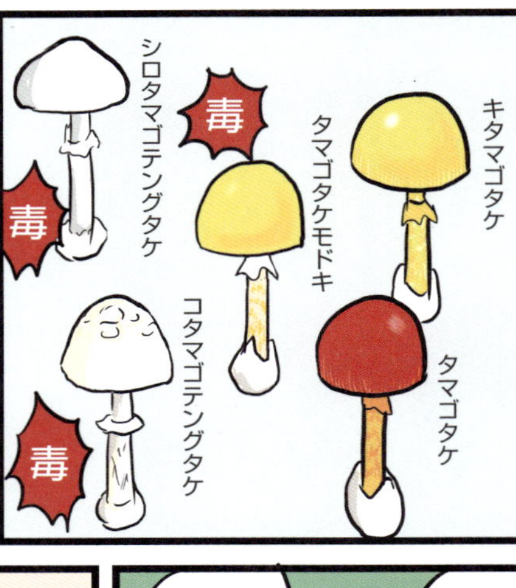
家に帰って図鑑を見てみると
まぎらわしいきのこがずらーり
キタマゴタケ
タマゴタケ
タマゴタケモドキ
毒
コタマゴテングタケ
毒
シロタマゴテングタケ
毒

……
ふっ
こりゃ
わたしひとりで
きのこ狩りに行ったら
間違いなく毒きのこ採ってくるな
きのこ

このきのこは
オニイグチ
モドキだね
モドキ…

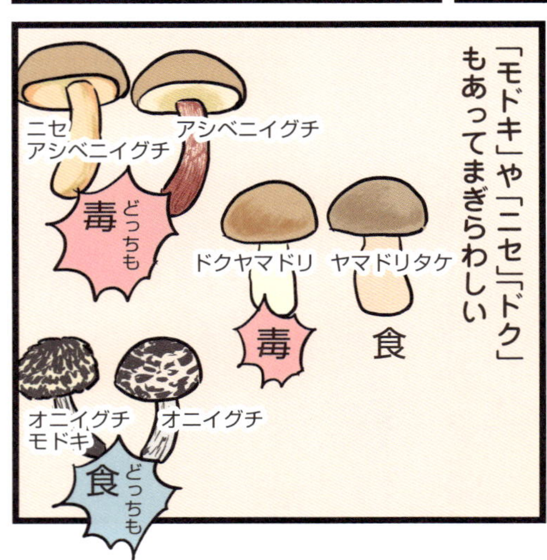
「モドキ」や「ニセ」「ドク」
もあってまぎらわしい
アシベニイグチ
ニセ
アシベニイグチ
毒
どっちも
ヤマドリタケ
食
ドクヤマドリ
毒
オニイグチ
オニイグチ
モドキ
食
どっちも

中毒例が有名なきのことといえば
カキシメジやツキヨタケ
いかにも
おいしそう
カキシメジ
ツキヨタケ

クリタケとそっくりな
ニガクリタケ
区別が
つかない
食
クリタケ
毒
ニガクリタケ

そしてげにおそろしい
ドクササコ…
症状が出るのが遅いため
昔は謎の風土病と
されてきたそう

「食べてから4日～1カ月後
手足や顔がパンパンに赤く腫れ
1カ月以上激痛が続く。
衰弱により、新たなばい菌や
病気に感染して死亡した例もある」
………
ゾ～
毒きのこ

このきのこ何？
食べられる？
わ
わかんない
とまったくお役に立てない
わたしですが

毒があってもなくても
存在として美しいのだから
それでいいのではないかなーと
思ったり
ソライロタケ

今度
きのこ鍋
食べに
行かない？
きのこ
鍋？

きのこ鍋っていうか
薬膳火鍋…
会社の人に
教えて
もらったんだけど
よやく…

そんなわけで とある休日
きのこの薬膳鍋を
食べに行きました
いらっしゃい
ませ

わ――
きのこが
いっぱい

豚肉や魚も
ある
シイタケ
タモギ茸
（タモギタケ）
花びら茸
（ハナビラ
タケ）
ジャンボ
なめこ
エリンギ
柿ノ木茸
（エノキタケ）

追加で
この「こけし茸」
っていうのも
頼んでみようよ

「こけし茸」とは…
そう、ササクレヒトヨタケのこと

ササクレヒトヨタケは
ひと晩で溶けて インクのように
なくなってしまう不思議なきのこです
その3参照
溶ける前の
まだ若いうちは食べられる
のです

「コプリーヌ」
「つくし茸」「こけし茸」の名で
流通していて
美容にも良いとか
一度
食べて
みたかった
んだよね

なにやら体に良さそうな
薬膳スープの中に
きのこを
入れて
いきます
辛くない
スープ
少し辛い
スープ

滋養たっぷりの
スープに
ホッとする
ホー

花びら茸
コリコリ
してる
なめこも
おいしい〜
そして
「こけし茸」
しゃくしゃく
した食感！
ササクレヒトヨタケ

これってどこのお鍋なんですか？
うちのスープはモンゴルがルーツですがこういったお鍋は中国・台湾でも食べられてますね～

中国雲南省（うんなんしょう）はきのこ天国だっていうし
へ――近隣国の人々もこんなふうにきのこたっぷりで食べるのかしら

きのこ好きで有名な国といえばロシア
「きのこと名乗ったからには籠（かご）に入れ」「きのこ入りピローク（ロシアふうパイ）を食べてもベラベラおしゃべりするな」といったことわざまであります

ポーランドやチェコフィンランドやスウェーデンなどもきのこ大好き
保存食にしたり
きのこ狩りは一大レジャー

一方アメリカ・イギリスなどのアングロサクソン系の人々は
毒に当たったらどうするのよ
あまりきのこを食べないそうです

ちなみにシイタケは
海外でも「SHIITAKE（シータキー）」で
通じるそうで

お土産でもらったチェコの
シイタケ入りチョコレード
TMAVÁ COKOLÁDA
63 %
SHIITAKE
50g
ほんとだ！
SHIITAKE
って書いてある

なんだか
体がポカポカ
してきた
ボクも
汗が…

いやあ
食べたねえ

きのこは
栄養もあるし
おいしいし
最高
だねえ
ポカポカは
しばらくの間
続いたのでした

ササクレヒトヨタケ

若いうちは食用ですが、
傘が開き始めると
インクのように黒く溶けてしまう
不思議なきのこです。
表面のササクレが特徴です。

写真提供＝kinokonishita

学名：*Coprinus comatus*
科名：ハラタケ科
暮らし方：腐生菌
生える季節：春から秋
有毒 or 食用：食（黒く溶ける前）

きのこ写真館❷

Photo Museum of Mushrooms #2

カエンタケ

猛毒のきのこ。
たいていのきのこは触って
楽しむことができますが、カエンタケは
触れただけで皮膚に炎症を
起こすことがあるといわれています。
本文には出てきませんが、
とっても危険なきのこなので、
こちらに載せました。

写真提供＝kinokonishita

学名：*Trichoderma cornu-damae*
科名：ボタンタケ科
暮らし方：腐生菌
生える季節：夏から秋
有毒 or 食用：毒

イボテングタケ

松林などでよく見られる、
チョコレート色のきのこです。
傘の表面のツブツブは、
幼菌の頃包まれていたツボの名残が
イボ状になって残ったものです。

学名：*Amanita ibotengutake*
科名：テングタケ科
暮らし方：菌根菌
生える季節：夏から秋
有毒 or 食用：毒

フェアリーリング

きのこが円を描くように並んで生えることを菌輪といいます。
この輪は、菌糸の成長とともに大きく広がっていきます。
欧米では、この菌輪は妖精たちが夜に輪になって踊った後にできるとされ、フェアリーリング（妖精の輪）とよばれてきました。
写真は、鳥取のフラワーパーク・とっとり花回廊の園内にできたキタマゴタケのフェアリーリング。こんなふうに、黄色いきのこが並んで生えている様子は不思議ですね。

写真提供＝とっとり花回廊

その7 アミガサタケ狂想曲

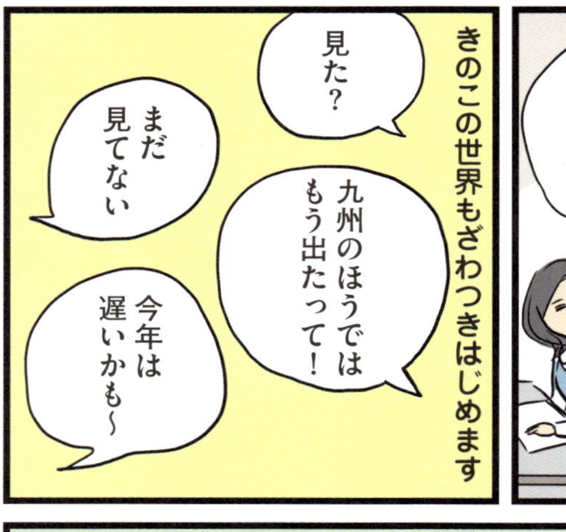

冬の間 ナメコ・エノキなどの
数少ない冬のきのこで耐えていた
ヒョー
ナメコ
エノキ
ツリガネタケなどの かたい きのこ
きのこ好きたちにとって

アミガサタケは まさに
きのこ
いやっほー
やったるでー
きのこ
きのこ
楽しいきのこシーズンの
到来を教えてくれる
きのこなのです

そんなウキウキした空気に
感化され
わたしも
アミガサタケ
見つけて
みたいなあ
という気分に

日比谷公園に
生えてる
らしいよ
風のうわさ
日比谷公園
かあ

日比谷公園
なら
場所も
わかるし
銀座に用事が
あるときにでも
行ってみよう!!

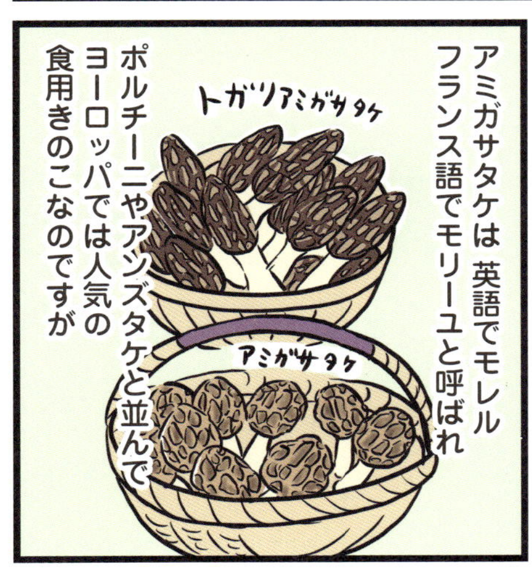
アミガサタケは 英語でモレル
フランス語でモリーユと呼ばれ
トガリアミガサタケ
アミガサタケ
ポルチーニやアンズタケと並んで
ヨーロッパでは人気の
食用きのこなのですが

山奥よりも
人の手の入った場所
―公園や畑など―に
生えているらしいのです

どこに
生えているんだろう
ないなあ

風のうわさ
新宿御苑に
生えてる
らしいよ
おお…!!
新宿御苑
いかにも
ありそう

桜やイチョウの
そばに生えることが
多いという
話をたよりに
歩きますが
見つかりません
?
なにしろ
実物を
見たことが
ないから

深大寺周辺に
今年も
生えてました!

ブロロロ…
調布の
深大寺かあ

広い…
どこにあるんだろう

もしかして他人が見つけてる時点で
その人が採っちゃって残ってないのでは…？
食べられるきのこはそこが悲しい

昭和記念公園できれいなアミガサタケ見つけました！
…
広…

いったいわたしは何をやっているんだろう…

その後あちこち歩いてみるも見つからず
他の人の報告を見てるとどこにでも生えてるように思えるんだけど
見つけたよ
見つけたよ
いいなーみんな楽しそう

ああ…そんなに採ったらわたしが見る前になくなってしまう…
大量ゲット！今晩はアミガサの炊き込みごはんにしようかな
ハラ
ハラ

ああ…
本日も大収穫！
塩水につけて
虫出し中です
なんだか世界中から
アミガサタケが
なくなってしまうんじゃ
ないかと心配に…

ところで きのこの生えている
場所のことをシロといいますが
今年も
アイタケの
シロにたくさん
生えてきた

他人が知っているシロのことは
聞かないのがマナー、というのが
暗黙の了解となっているようで
わたしの
シロ
チチタケの
シロ
キヌガサタケ
のシロ

ああ…
これはどこに
生えているの
かしら
また
いっぱい
アミガサ
採ったなー
知りたい
でも
聞けない

決して荒らさないから!!
こっそり
見るだけだから!!
だれか…
だれかアミガサタケの
シロを教えて!!

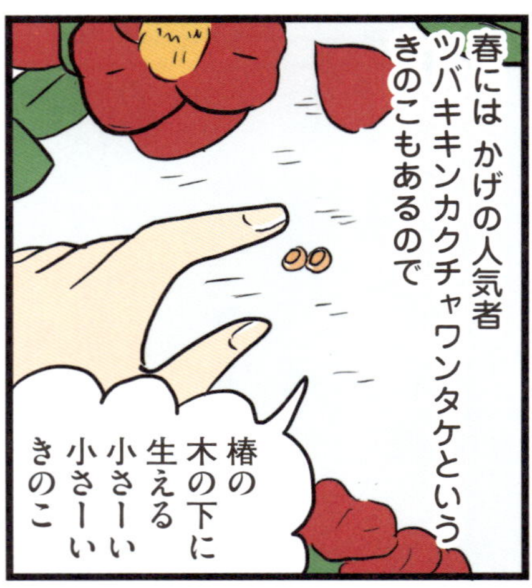
春には かげの人気者
ツバキキンカクチャワンタケという
きのこもあるので
椿の
木の下に
生える
小さーい
小さーい
きのこ

ツバキキンカクチャワンタケを見て気をまぎらわせたりしました
かわいい子や…
このきのこは落ちた椿の花に胞子をつけ翌年になってきのことして生えてくるそうです
探している姿は美しくはない…

桜も散り 5月に入った頃
長野に行ってみたらどうかな?

確かに…あっちのほうが季節も遅いしまだ生えてるかもしれないな
それに長野はきのこ天国
いろんなきのこが生えてる

長野県はきのこの消費量も多いんだよね
軽井沢も以前追分(おいわけ)きのこ祭りがあったし(現在は中止中)
地元の人のきのこ愛を感じるよね

あ

あっさりアミガサタケを見つけたのでした
1本だけ生えてた
小さくて目立たないきのこなんだね

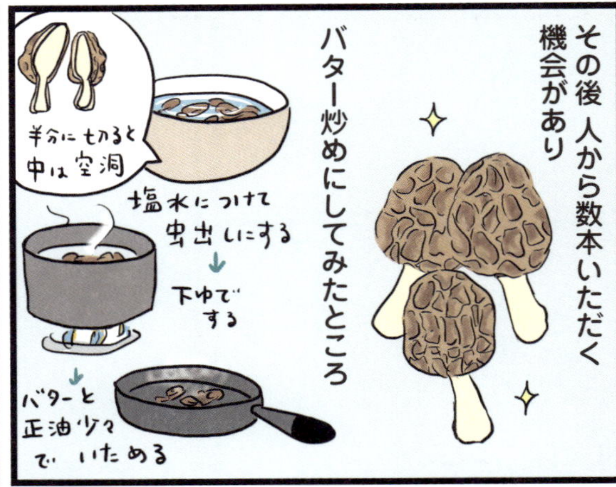

※ヨーロッパでは干しシイタケのように天日干しして使うそうです。

※周りの人が被害を受ける可能性があるので、決して試さないでください。

はじめて見た…大きい……!!
ひー

ちょっと色の薄いの
色の濃いの
丸いの長いのいろいろ

わーこっちにも
見れば見るほどグロテスクだ
なんなのよこの形は…

毒きのこですか
すごいすごい

へぇ
あはい
いかにもそんな感じですね

ぼくたち鳥を見に来たんですよ
さわ
このあたりは野鳥の種類が多いの

ほら
あそこ
すごいね
あれ
空を見上げる2人
地面を見つめる2人…

シャグマアミガサタケは見ているうちに愛着がわいてきました
かわいいとさえ思えてきた

プロが調理したものなら食べてみたいなあ
ぼくはイヤだ
「毒抜きしてでも食べたい」食べている地域の人にとってはフグみたいなものでしょうか

毒々しいシャグマアミガサタケ
どどん

それ以来春のきのこといえば
やっぱりシャグマよね
アミガサタケ
アミガサタケ
アミガサタケ
と思ってしまうのでした

Rugiboletus extremiorientale

その8 魅惑のベニテングタケ

きのこに関する公開シンポジウムを見に行ったときのこと
公開シンポジウム
毒きのこ
〜毒の秘密も科学する〜

マニアックなテーマなのに人がいっぱい

一般の人向けに各分野の専門家たちが解説してくれるので
わたしのような生物音痴にもわかりやすい
へー

ベニテングタケの毒はムスカリン、イボテン酸ムッシモールアマトキシンなど
嘔吐やめまい、幻覚などを引き起こします

オオワライタケから毒成分を取り出し研究しています
まずはオオワライタケを人工栽培し…
カエルを使った実験
それにしてもいろんな分野の研究者がいるんだな…

次のテーマは「サルは毒きのこを避けているのか？」です
猿の採食行動
サル…

質問コーナーで
こんな若者がいました
ベニテングタケに関して
質問します

ぼくはぜひ ベニテングタケを
食べてみたいと思ってるんですが
何本くらいまでなら
食べていいんでしょうか

え…
ざわ…

ベニテングタケは
長野など一部地域では
毒抜きして食べられていますが
いやあ…
食べないほうが
いいと思いますよ
毒ですし

どうしても
食べてみたいんです
前に毒抜きしたものも
もらったことがあるん
ですが おいしくなくて…
もう一度トライして
みたいんです
何本まで
なら大丈夫
ですか？
え…
いやあ

半分
くらい…
かな？
ハラ
ハラ
ハラ

毒の専門家の先生曰く
ベニテングタケは
嘔吐やめまいだけでなく
肝臓に蓄積する毒成分も
入っているので
食べないほうが賢明
ということでした

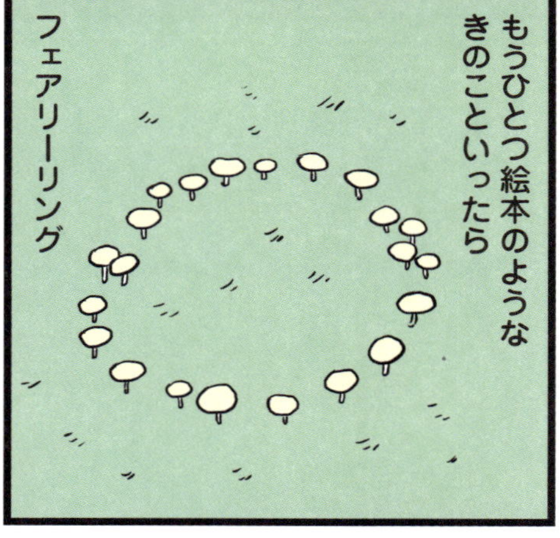
もうひとつ絵本のような
きのこといったら
フェアリーリング

フェアリーリング(菌輪)とは
きのこがまあるく円になって
生える現象のこと
各国で
「妖精の踊り」「魔女の輪」など
様々な呼び名や
いいつたえがあります

ある日のことSNS上に
フェアリーリングの写真を
アップしている人がいました
フェアリーリングといえば
こんなのあります

すごいですね！
みごとな
菌輪！
これ関東近郊に
生えてるんですよ

すご——い こんな夢のような光景が
東京の近くで見られるんだ

よかったら案内しましょうか？
えっ!! いいんですか

というわけで
はじめまして うつろさんですか?
は はじめまして

すみません わざわざ
あとせっかくの（秘密の）場所を
いえいえ きのこはみんなのものですから

とある道路の中央分離帯まで案内してくれました
そこ渡ったとこです
えっ こんなところにフェアリーリングが!?

日照り続きだったからどうかな

あ―― 残念
しおれてるな
でも
片鱗(へんりん)が…

本当だったら
シバフタケとか…
時期によっては
コムラサキ
シメジや
ベニセンコウ
タケの
輪も見られるん
だけど…

案内してくれたかたは
しきりに残念がってくれましたが
いやー
もう少し
あれだなぁ
わたしには
新鮮な経験
でした

この大きな道路の
中央の植え込みに
ブロロ…
妖精の輪っかがあるなんて
誰が思うでしょうか

きのこを探して
外を出歩くにつれ
きのこを
見つける能力が
高まって
きました

長野の林を歩いていると
ん？
これ
きのこ？
ピキーン

ちょっと変わった形のきのこ
ノボリリュウタケです
「馬の鞍」とか
英語で
「妖精の鞍」とか
いわれている

あと
このへんにねえ
タマゴタケ
生えてくるよ
去年
見つけたんだ

最近見つけた
わたしのシ・ロ・
じゃよ
えっ
すごいね
ふっふ

見つけたのはタマゴタケではなくて
サンコタケ
仏具の三鈷杵の形をしていることから
その名のついたきのこです

またあるときは
ここに
シロイボカサタケ
生えてる
シロイボカサタケ
ってかわいいよね
キイボカサタケ
アカイボカサタケ
もあって…
と思っていたら

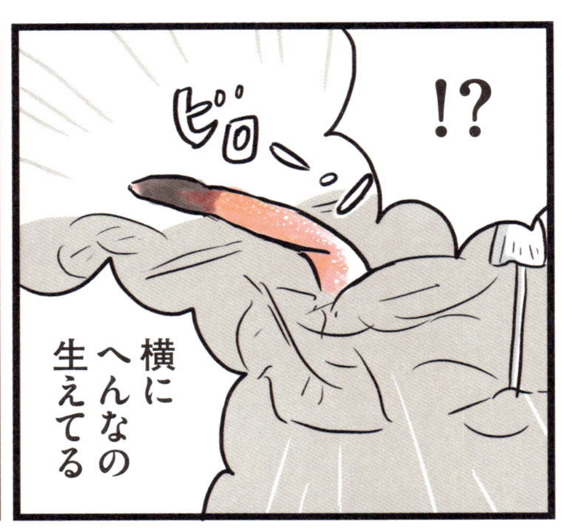
ピロ〜
!?
横に
へんなの
生えてる

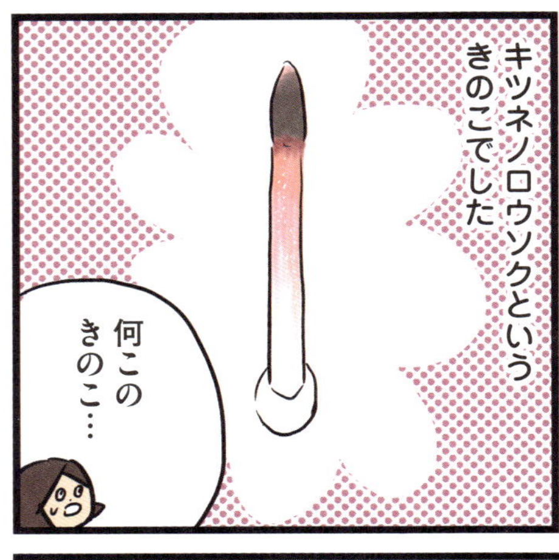
何この
きのこ…
キツネノロウソクという
きのこでした

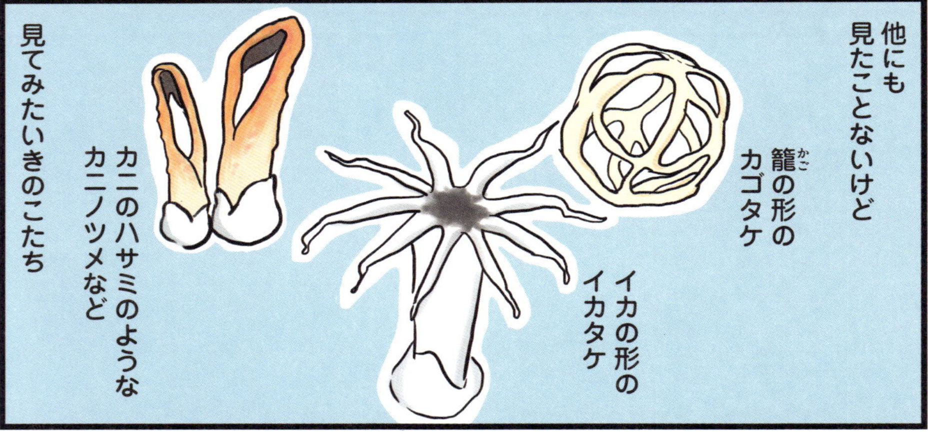
他にも
見たことないけど
籠の形の
カゴタケ
イカの形の
イカタケ
カニのハサミのような
カニノツメなど
見てみたいきのこたち

長野でのある朝のこと
朝の散歩は
気持ちいいね
ホーホケ
キョ

鳥 すごい鳴いてる
オジーギョ
オジーギョ
ピチョチョ…
チュチュ

あとで
どこかで
コーヒー
飲みたいなー
いいね

はっ

この
赤くて
小さいきのこは

ベニテング
タケ
民家の軒先に
さりげなく
生えていました
え？
ここ
ふつう
の家

夢の国の生き物のよう…
じーん

このベニテングタケを2日かけて観察したところ

午後から次の日にかけて

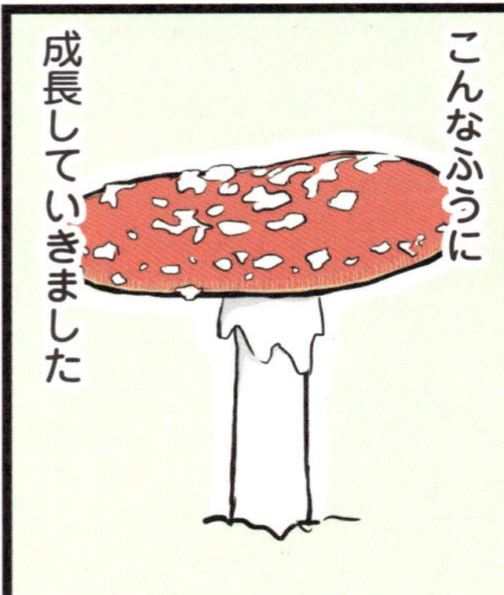

こんなふうに成長していきました

2日目の午後
感慨深いなあ
これだってかっこいいよ
カシャ
カシャ
もう大人になってしまった

全然知らないかたの軒先をじろじろ見てスミマセン
この家の人が塀のところをリフォームしたりしませんように

Entoloma virescens

その9
キッタリアを食べる濃厚な夜

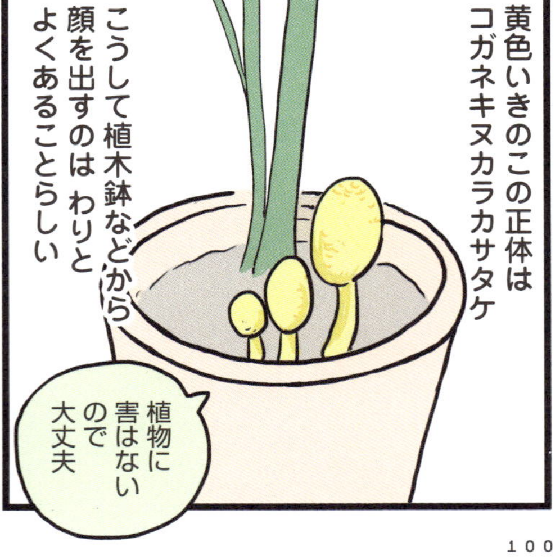

栽培キットで
シイタケを育てたことは
あるけれど
いっぱい
育てて
元とるぞー

こんなふうに 自分ちの
プランターにひょっこり愛らしい
きのこが育つなんて
なんて
素敵

いいなあ
うちにも
なんか生えて
こないかな
…
また
ごろごろ
してる

最近 気になって
いるきのこは
オニフスベ

外国にもジャイアント・
パフボールとよばれる
よく似たきのこがあって
突然 庭や雑木林に現れる姿は
とってもシュール
20 ~ 50cm

こんなところやあんなところ
○市○町の清水さん宅
ニュージーランドのリチャードさんの牧場

あんなのが急に庭に生えてきたらびっくりしちゃうね
ふっふっ

あと最近コスタリカの人のきのこ写真を見てるんだけど
コスタリカもへんなきのこ多いね

あんなのや こんなの
色もいろいろで

世の中は広いなあ…
ぐー
なんてことを考えていたら

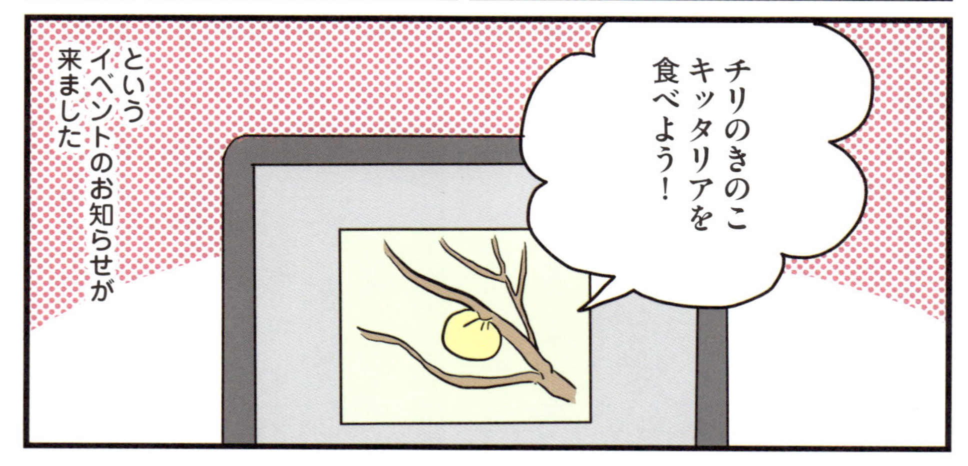
チリのきのこキッタリアを食べよう！
というイベントのお知らせが来ました

キッタリアって
なんだろう?
写真で見ると
こんな感じ

よくわかんないけど
南米の知らない
きのこを食べる
イベントなんて
おもしろそう
というわけで
行くことにしました

恵比寿の写真集食堂
「めぐたま」
会場にはもう
たくさんの人が集まっています

みんな
キッタリア
めあてかな
それとも
チリ関係…?

スライドによる
説明がはじまり
ました
チリの自然や
チリのきのこの紹介

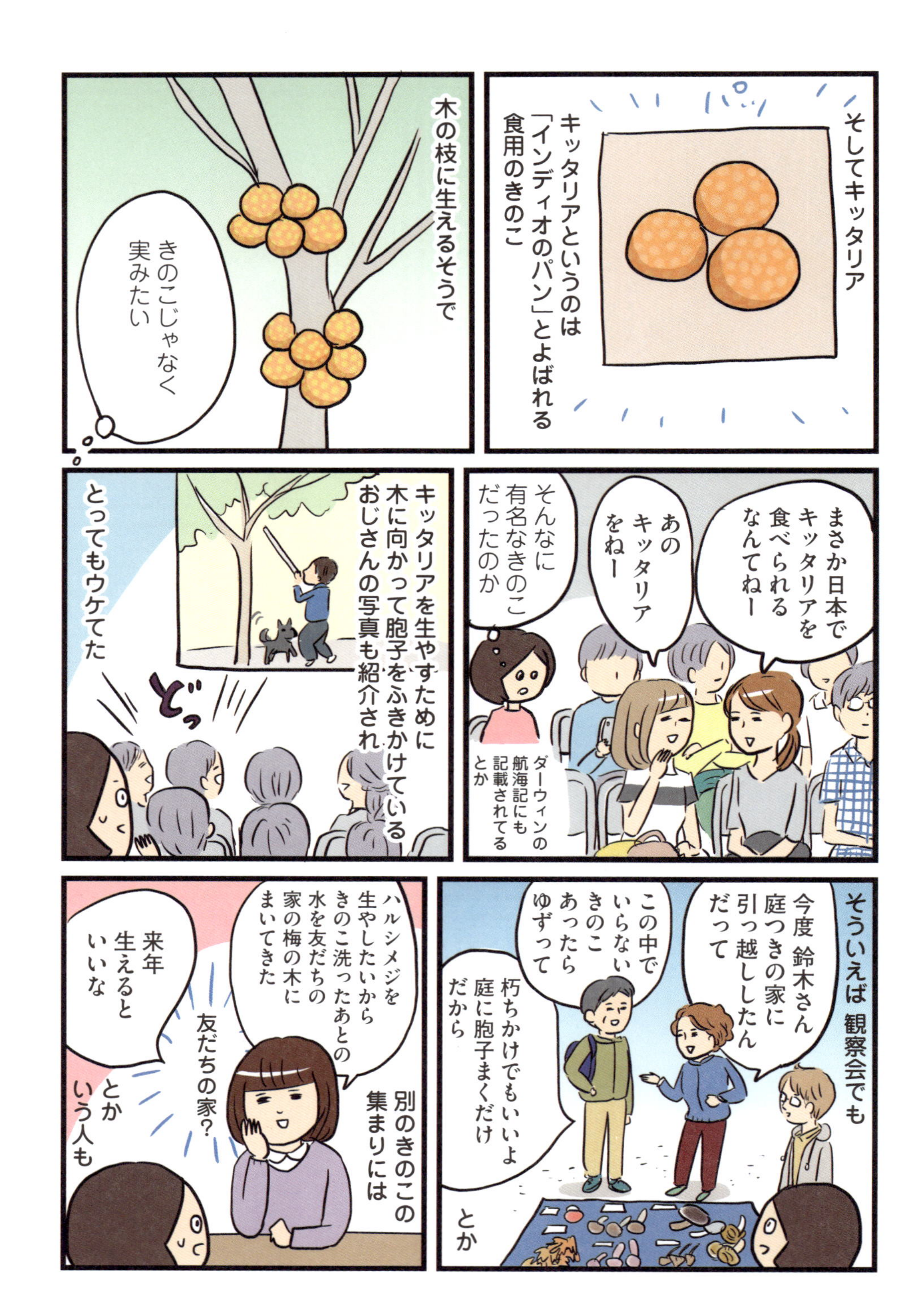

そしてキッタリア
パッ
キッタリアというのは「インディオのパン」とよばれる食用のきのこ
木の枝に生えるそうで
きのこじゃなく実みたい
まさか日本でキッタリアを食べられるなんてねー
あのキッタリアをねー
そんなに有名なきのこだったのか
ダーウィンの航海記にも記載されてるとか
キッタリアを生やすために木に向かって胞子をふきかけているおじさんの写真も紹介され
どっ
とってもウケてた
そういえば 観察会でも
今度 鈴木さん庭つきの家に引っ越ししたんだって
この中でいらないきのこあったらゆずって
朽ちかけでもいいよ庭に胞子まくだけだから
とか
別のきのこの集まりには
ハルシメジを生やしたいからきのこ洗ったあとの水を友だちの家の梅の木にまいてきた
友だちの家?
来年生えるといいいな
とかいう人も

きのこ好きが高じるとこういう行動に出るのだな
世界共通…

スライドが終わりいよいよ料理を待つときになると
イス移動して
ワインどうぞー

みんな自己紹介したり知人を紹介しあったりして
なごやかな雰囲気に
もしかしてさいとうさん？、
友人の知人
よくわかったね
あっ久しぶりー

きのこへの愛を語る人
わたしがはじめてベニテングタケを好きになったのは——

情報交換をする人
いつもどのあたりで見てます？
きのこの出てくる文学を語る人
宮沢賢治の作品はさ…
ああこの会場はきのこに取りつかれた人でいっぱい

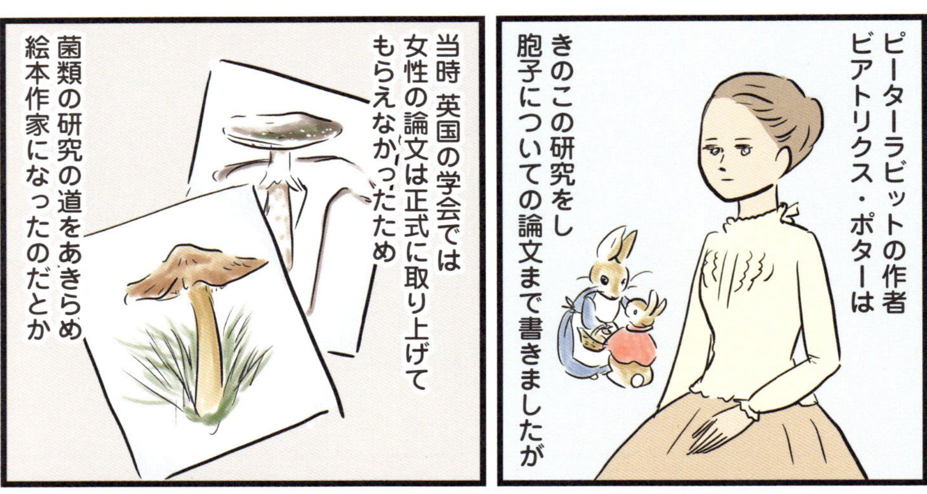
ピーターラビットの作者
ビアトリクス・ポターは
きのこの研究をし
胞子についての論文まで書きましたが
当時 英国の学会では
女性の論文は正式に取り上げて
もらえなかったため
菌類の研究の道をあきらめ
絵本作家になったのだとか

また 音楽家ジョン・ケージは
ニューヨーク菌学会（NYMS）の
創設メンバーのひとりであり

きのこの持つ偶然性や
きのこが
創作・思想に与える
インスピレーション
について
多くの言葉を
残しています

きのこと
文化って
切っても切れない
関係なんだな
富士山
行ってきたん
ですよ
ぼくらも
よく行って
きのこ
見てますよ

さて 会場にはピカピカのタマゴタケが飾ってありました
それはOさんが今朝採ってきたんだって

Oさんは関西在住
きのこ好きの間では有名なきのこマイスター
ペコ

すごいよねー こんな見事なタマゴタケどうやって見つけるんだろうね
今朝東京来てから見つけたんだって
わたし東京に住んでて一度だって見つけたことないよ

やっぱりマニアの人には特殊な能力があるのでしょうか
いやいや
Oさん すごいね タマゴタケ

お店の料理が出る前にOさんが さっと調理してふるまってくれました
食べたい人はどうぞー
わー

タマゴタケ…
きのこを好きになるきっかけになった特別なきのこ…
わたしの初恋

ぱく
おいしい

つるりとした舌ざわり
こくのある味
タマゴタケって

こんなにおいしいきのこだったんだあ
じーん
みなさーん
お料理どんどん出ていきますよ

チリの料理やきのこの入った料理

ガルガル（チリのきのこ）入りのミートドリアおいしい
ササクレヒトヨタケの炒めものはじめて食べたー
わいの
わいの

そしていよいよキッタリアの登場です！
ソテーにしてありました

お味はというと
ぬちゃっとしてて
きのこ臭が強めな感じ…
乾燥きのこを戻したものだからでしょうか

食べたことない感じの味…
??
なにこれおいしい
はじめて食べたー

この日は他にもチリのダンスがあったり
かっこいい〜

きのこクイズがあったり
正解したかたは――
シイタケもぎ&鉄板焼き体験があったりで

濃厚なきのこの夜はふけていったのでした

キヌガサタケ

レースをまとった美しいきのこ。
高級食材として
中華料理にも使われます。
その優雅な姿から
「きのこの女王」といわれています。

写真提供=くさびらじかる

学名：*Phallus indusiatus*
科名：スッポンタケ科
暮らし方：腐生菌
生える季節：初夏から秋
有毒 or 食用：食

きのこ写真館3

Photo Museum of Mushrooms #3

ソライロタケ

傘もブルー、柄もブルー、
菌糸もブルーの、
その名のとおりソライロのきのこ。
鮮やかな青色は、
触れたり傷をつけると
黄色く変色してしまうそう。
なかなか出会うことのできない
珍しいきのこです。

写真提供=くさびらじかる

学名：*Entoloma virescens*
科名：イッポンシメジ科
暮らし方：腐生菌
生える季節：秋
有毒 or 食用：不明

ベニテングタケ
幻覚など神経性の中毒を
引き起こす毒きのこ。
絵本などでもおなじみの
ファンタジックなきのこですが、
実際に生えている姿も、
現実のものとは思えないような
美しさがあります。
写真提供＝sae_zweig
学名：Amanita muscaria
科名：テングタケ科
暮らし方：菌根菌
生える季節：夏から秋
有毒 or 食用：毒
アシボソ
ノボリリュウタケ
馬の鞍のような
ハート形の頭部が
かっこいいきのこです。
英語で
「Elfin Saddles 妖精の鞍」
という愛称があります。
学名：Helvella elastica
科名：ノボリリュウタケ科
暮らし方：腐生菌
生える季節：夏から秋
有毒 or 食用：不明

その10
ついつい増えちゃうグッズたち

かわいい
nemunoki paper item
クラフトペーパー

かわいいい
OSCOLABO
森のキノコ シリーズ

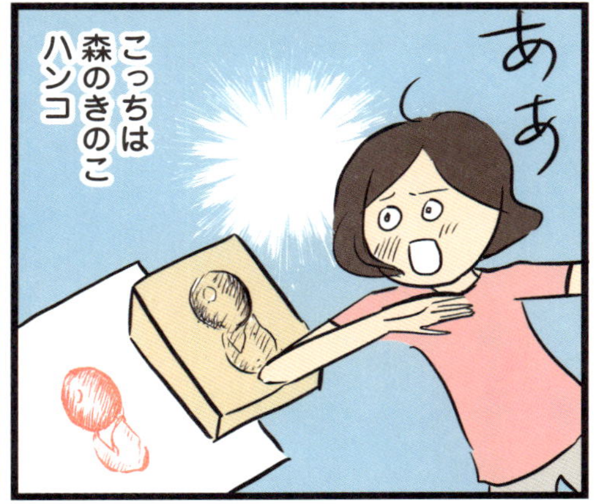
ああ
こっちは森のきのこハンコ

……そう……実は
買わない買わないといいつつ…
けっこう集まってしまっています
きのこグッズ

ありがとうございますー
いそ
いそ

クリスマス
オーナメント
プラハの
きのこ専門店
LES HOUBELES
のトートバッグ
きのこ切手
いろいろ
同じく
LES HOUBELES
ドアストッパー
（木製）
きのこ
トランプ

だって
きのこって
フォルムが
かわいいじゃ
ないですか
だから
つい

その他 友だちから
もらったり
旅行先で つい
買ってしまったり
きのこブローチ
Marimekko
紙ナプキン

ニュージーランドのお札
欲しいよね
FIFTY 50
50ドル札にソライロタケの仲間が
描かれている

カファレルの
チョコレートは
ときめくよねー
きのこポット大

前にも触れましたが
観察会などに行くと
何かしらきのこ
グッズを身につけて
いる人が多い
(わたし調べ
ほぼ100%)

嫁さんと
買い物行っても
趣味合わなく
てさー

このリュック買うときも「えー パパこんなの買うの？」なんていわれちゃって
きのこ柄のリュック…へー かわいいですね

！
そうだよなあ いいよなあ これ!!
あ はい

きのこは食べるのみの人も多いのですが
食べられないきのこ？
全然わからん

これ持って帰ってスケッチするの
細密画を描く人や

編みぐるみをつくっている人
有名なNさんKさんご夫婦

アクセサリーをつくる人
染め物をする人

きのこの楽しみかたもいろいろだなあと思うのでした
きのこ帽
きのこワンピース
きのこバッグ
きのこタイツ
その勇気はない

そういえばイタリアのサイトで好きなきのこのページがあるんだー
特にきのこ好きではない友人が教えてくれました

見てみると イタリアの食品会社のサイトで
ビン詰めのオイル漬けポルチーニがずら〜り
280
670g
280g
670g
25kg
10kg
3000g
特に25kgが圧巻です

調理工程の写真などもあり
Pictures of food-processing
Click!

山と積まれたポルチーニを手作業で下処理している女性たちの写真が…
うおっすごーい

ふぉ〜
何を
みてるの？…

見るとなぜか元気が出るため
ときどき見に行っては
気分を盛り上げてます
ふぉ〜
ポルチーニ〜〜〜!!
25kg
サイコー

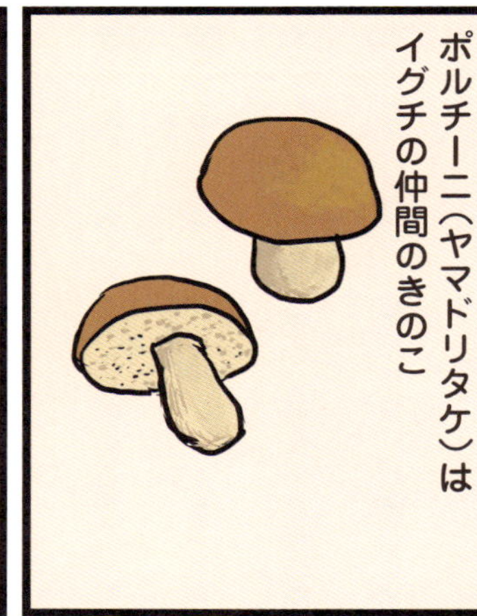
ところで
ポルチーニ（ヤマドリタケ）は
イグチの仲間のきのこ

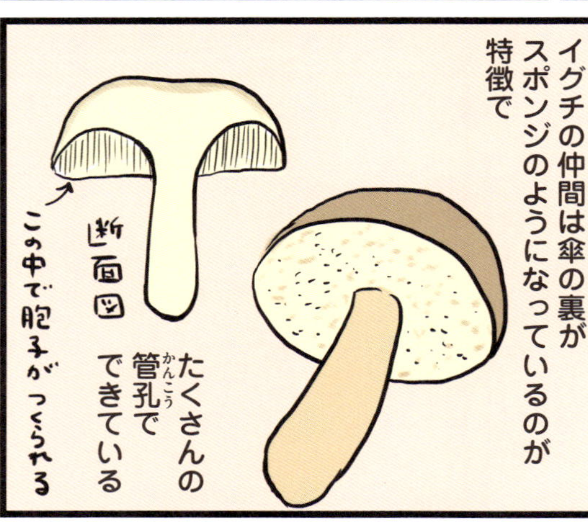
イグチの仲間は傘の裏が
スポンジのようになっているのが
特徴で
たくさんの
管孔（かんこう）で
できている
断面図
この中で胞子がつくられる

イグチといったらアカヤマドリや
バイーン

セイタカイグチ
柄が
ワイルドで
かっこいい
ムラサキヤマドリなど
存在感のあるきのこが多いです
色が渋い！
そして
おいしい

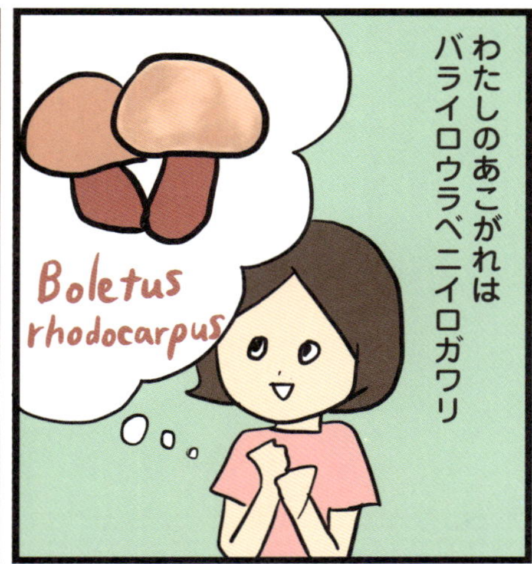
わたしのあこがれは
バライロウラベニイロガワリ
Boletus rhodocarpus

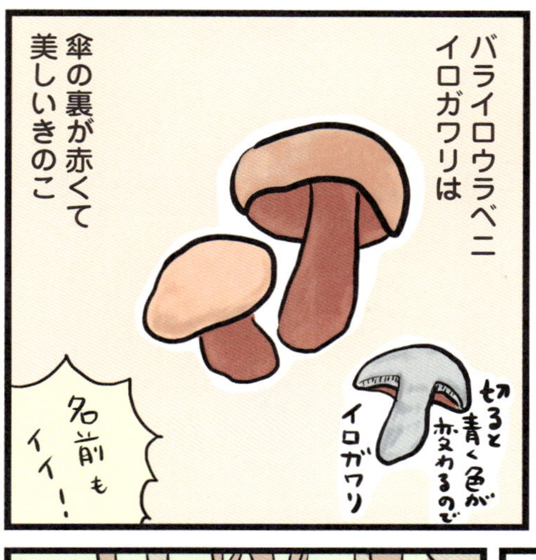
バライロウラベニ
イロガワリは
傘の裏が赤くて
美しいきのこ
切ると青く色が変わるので
イロガワリ
名前もイイ！

イグチはおいしいきのこが
多いのですが
これは有毒です
attention！

北海道や
富士山に
生息している
のだとか

似た仲間で
ヨーロッパで有名なのが
ウラベニイグチ
こちらも有毒で
学名は・・・Rubroboletus satanas
悪魔のイグチ
Rubroboletus satanas

以前ネットショップでチェコのきのこ図鑑を買ったことがあったのですが
ATLAS tržních a jedovatých hub
SZN
あ 素敵な切手で送ってきてくれた

ČESKÁ REPUBLIKA
5 40 Kč
ČESKÁ REPUBLIKA
5 Kč
ウラベニイグチ切手とアミガサタケ切手

ウラベニイグチの切手にはしっかりとドクロのマークが入っていました

♪
おいしいものフェア

あ ポルチーニのリゾットセットだって
KIT
RISOTTO DES
MUSHROOM
100% NATURAL
QUERIDA
CARMEN
へ—— 買ってみる？

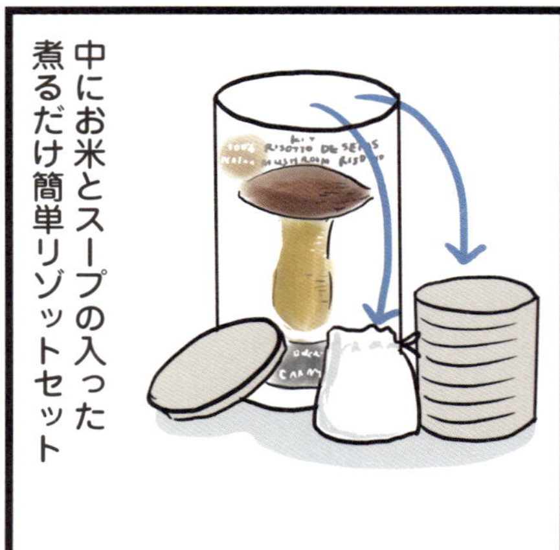
中にお米とスープの入った煮るだけ簡単リゾットセット

いい香り〜
ポルチーニたっぷりのおいしいリゾットでした

ごちそうさまー
いそいそ

うっとり
KIT
RISOTTO DE SETAS
MUSHROOM RISOTTO
100%
QUERIDA
CARMEN

またグッズが増えたね
ぎく

あでもこれはっ
食べものだから
きのこグッズではないから
誰にいいわけしてるの?
気づくときのこが増えるので注意していきたいです

Amanita muscaria

その11
はかないきのこの女王様

あれ
ピロリン
グレゴリ青山さんからメッセージ来てる

ご存知漫画家・グレゴリ青山さん
京都にお住まいです
グ

うつろさんこんにちは！
2年前にわが家の裏山でこんなきのこを見かけましたなんですか？

おお……！これはもしかして…

キヌガサタケ
レースをまとったきのこの女王様

竹林などに生える
白いレース状のマント が特徴の
美しいきのこ
頭の部分はグレバといって
とっても臭い
ここでハエをおびき寄せます
グレバ

このきのこ
はかないことでも
有名で
「これは
キヌガサタケ
ですよ♡」
カタ
カタ
「高級中華料理
にも使われる
きのこです」

早朝に生えて
わずか3時間程で
しおれてしまうとか
←タマゴから
出てくる

キヌガサタケかあ
見てみたいな
どこに生えてる
のかな

そういえば昔の
京都新聞の記事で
こんなのがありました
京都府立植物園にて
キヌガサタケが
見頃を迎える
6月下旬～7月頭
これも
京都だ

というわけで
京都に行ってみることに
しました
ひゃん
京都
一人旅

カッ
暑い

えーと まずは京都府立植物園に行ってみて…
「竹笹園」に生えてるって書いてあったよね

キヌガサタケは今日は生えてないよー

朝電話入れたら生えてるかどうか職員が教えてくれるよ
キヌガサタケは朝が勝負だね～
すぐ飛んできたらいいよ
ああ近所の人がうらやましい…

しょんぼり…

※主に地面の中に巣をつくるクモから生えます。

あのー
何を撮って
いるん
ですか
？

？
あ これ…

これ…
今撮った
やつ
あっ
これ!?
マクロレンズ

きくらげみたいな
きのこが
ついてる
見えなかった！
ぼく
小さいきのこ
好きなんですよ

例えば これとか…
パイプタケって
いうんですけど
わぁ
きれい
これなんかも
肉眼では
白っぽく
見えるだけ
なんですけど

きのこに
くわしくなって
ゆくにつれ
より小さい
きのこに
興味が移っていった
とか
へー
粘菌とか
最近は
カビ
なんかも
ルーペ

あっ これ！
このカビ
!?

このピンクのカビは
治療薬として使われていて
医療研究者が欲しがる
カビなんですよ
こうして見ると
なんかきれい…

きれい
ですよね
カキ氷
みたいで
カビを美しいと
感じる日が
来るとは…
にっこり

カビと
きのこは
どちらも菌類
目に見える
子実体（きのこ）を
つくるかどうかの
違いです
粘菌
（変形菌）は
違う
生きもの
きのこ
カビ

さて 肝心の
キヌガサタケはというと

キヌガサタケ
って
こういう
きのこで
なかなか
見られない
きのこです
この御苑の
観察会でも
一度だけ
出ていたことが
あります
残念ながら
今回は
見られま
せんでした

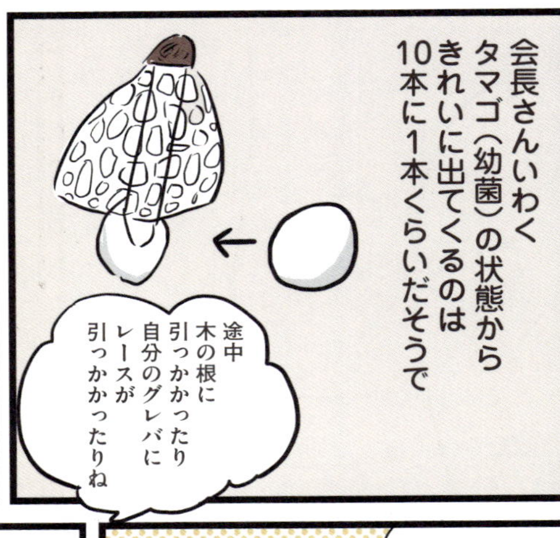
会長さんいわく
タマゴ（幼菌）の状態から
きれいに出てくるのは
10本に1本くらいだそうで
途中
木の根に
引っかかったり
自分のグレバに
レースが
引っかかったりね

レースのマントが
開くとき
パラリと
音がするのだそう

音…！
キヌガサタケが
見られたあかつきには
聞いてみたいです

ところで
キヌガサタケにそっくりな
きのこで
スッポンタケ
というのが
あります
レースが
ない！
レースがない
だけでこんな
に見た目が
違うという
……

このスッポンタケのタマゴを
持って帰って育てた人がいました
さいとうさん
きのこ歴20年以上

周りの土と
枯葉ごと
持って帰ってきて
しめらせた
キッチンペーパーの
上に
置いて
たの
しばらくは
なんの変化も
なかったん
だけど
へー

2週間目に突然
生えてきたんだよね
わっ
へ――
ドラマチック!!

部屋中
生ゴミ
臭かった
ドラマチック
だけど
グレバの臭いが
ひどいよ
ぐっ…
それは
イヤかも…

そのさいとうさんがなんと
「キヌガサタケを見ようツアー」を
開催してくれるという
京都からの
帰り道
えっ
行きます

神奈川県 某所
うちの
近くの公園の
竹林で
毎年見られる
んだよね
バタン

今年は
出てるかなー

あっ

タマゴ…

タマゴの状態のキヌガサタケをひとつ見つけました
白い外皮がむけてフルフルだ！

なんてきれい…

ここから
するり
こう出てくるのか

結局 この日はタマゴを見つけただけで終わってしまいましたが
あのタマゴちゃんと育つかな
どうだろ雨が降らないから

キヌガサタケ
また今度
そのうち会える気がします

Gyromitra esculenta

その12
光るきのこを求めて和歌山へ

夜 森に入っていって

ふいに光るきのこを見つけたら
わあっ…
それはそれは神秘的でしょうね

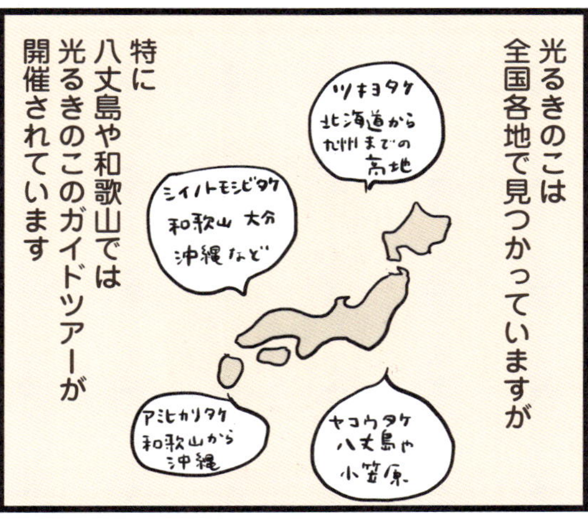
光るきのこは全国各地で見つかっていますが
ツキヨタケ 北海道から九州までの高地
シイノトモシビタケ 和歌山 大分 沖縄など
ヤコウタケ 八丈島や小笠原
アミヒカリタケ 和歌山から沖縄
特に八丈島や和歌山では光るきのこのガイドツアーが開催されています

わたし 和歌山のシイノトモシビタケを見に行ってみたいなあ
Mycena lux-coeli

ということで5月に問い合わせてみたところ
今年は全然雨が降らないのでまだきのこ出てないんですよー

またしばらくしてからお問い合わせくださいねー
はーい
そして6月はすっかり忘れて過ごしていましたが

※通常は２日前までの申し込み

翌日——和歌山県紀伊勝浦
ビョー

新幹線と特急列車を乗りついで約8時間かけてたどり着きました
名古屋
四日市
大阪
津
紀伊長島
和歌山
特急ワイドビュー南紀
紀伊勝浦

大阪方面特急「くろしお」は暴風雨のため運転を見合わせております
ひえー
これ…きのこツアーできるのかな

どうか中止になりませんように
小降りになりますように
きのうまで雨よ降れ降れといっていたくせに…
バババババ…
途中で入った喫茶店にて

その日に泊まるホテルに着くと
この大雨ですからきのこ中止かもしれませんね
えっ

ビョー
そんな…早朝から8時間かけてここまで来たのに
で…でも天気予報では夕方晴れるって…
すぐに確認してみますね

確認
しましたー
大丈夫です
やりますって

よかった
ですねー
暗い
ですから
この懐中電灯
お持ちになって
くださいね
やさしい人たち
よかった…

夜7時半 目覚山前
ザザ…

目覚山は かつては
海にかこまれた島で
(現在は陸続き)
漁師さんがおまいりをした
山なのだそう

ザザザ…
潮騒が
……

案内してくださる地元ボランティアのお2人
シイノトモシビタケは ずっと八丈島にしか生えないと思われてたんだけど

2001年にここ宇久井(うぐい)でも見つかったんですよ
へ——

それじゃあそろそろ出発しましょうか
？

なんとガイドツアーはわたしひとりなのでした
えっ すみませんわたしひとりのために
いやあ
団体さんがキャンセルしちゃったのよー
雨やんでよかったねー

真っ暗な中懐中電灯をたよりに進んでいく
こわい…

あったよ懐中電灯消してごらん
えっ

えっ
どこどこ？
ほら
あの奥

あっ

わーー
ホタルみたい
小さい
でしょう？
ほら そっち
のほうにも
3つ見えるわよ

ホントだぁ
きれい…
写真で見るより
青白く光って
見える…

もっと近くで
見てみたら？
少し上った
ところに
手前で光ってる
のがあるよ

近くで見ると
なおいっそうキレイ…
幻想的…

シイノトモシビタケがなんのために光るのか？

虫をおびき寄せるためなど仮説はあるものの
まだはっきりした理由はわかっていないそうです

懐中電灯で照らしてみると
あっ茶色いきのこなんですね

そうそう昼間見るとそんな色よ
現実を見てしまった
だいたいシイの倒木から生えてるねときどき桜もあるけどね

あっ横に並んで……

あっ遠くにもひとつ……

それにしても
足元で光る
シイノトモシビタケは
地面に広がる
星空のよう

楽しかった
……

シイノトモシビタケ
幻想的で
まだ
夢の中に
いるよう…

え――と
明日は
夕方6時に
新宿で用事が
あるから
それまでに
家に戻ると
なると…

朝8時に
ここを
出ないと
ゴッ

お世話になりましたー

きのこを見るために8時間かけてやってきてまた8時間かけて帰っていく…
ふっ
何やってんだろ

そういえば…
空中にはたくさんの胞子が飛んでいますが
世界がきのこだらけにならないのはきのこの繁殖がとても複雑だからです
ジョン・ケージ

胞子…
この車両にわたし1人

今この空間にもたくさん飛んでるのかな……

きのこを好きになって
世界の見方が変わった気がする

森とか
生物とか
全部
つながってるって
思えるようになったし

知らない人に
会ったり
知らない場所にも
行くようになった

なんか…
いいなぁ
こういうの
……
ぐー
きのこを通して
これからも

不思議なことや
楽しいことが
広がっていくといいな
と思います

Boletus edulis

エピローグ
そしてきのこ道はつづく

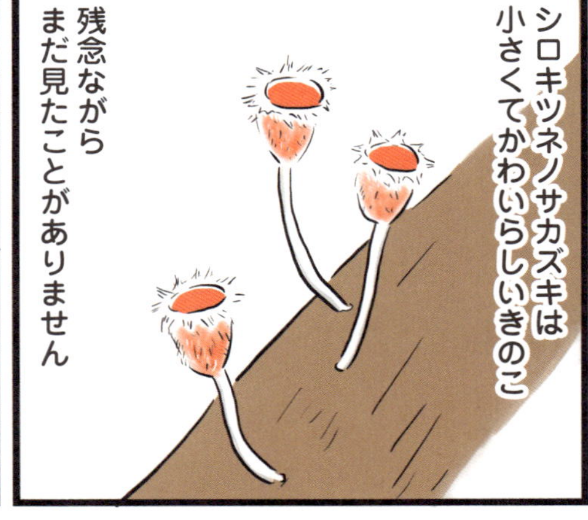

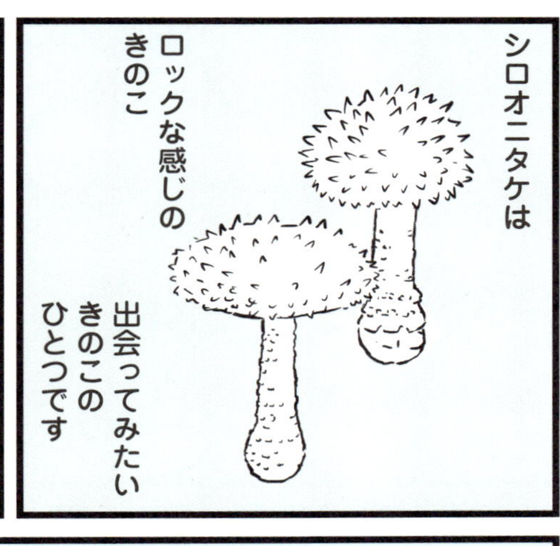
シロオニタケは
ロックな感じの
きのこ
出会ってみたい
きのこの
ひとつです

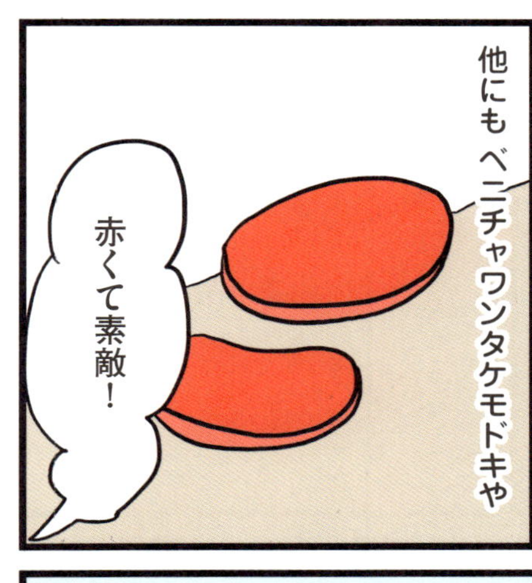
他にも ベニチャワンタケモドキや
赤くて素敵！

黒くて渋いオオゴムタケ
宝石のような
ウラムラサキ
など
まだまだ未見の
きのこがいっぱいです

今度の
土日
出かけたい
なあ

長野のきのこ散歩も
続けていますが

これ
なんだろ…

?
?
??

調べてみても
わからなかったり
区別がつかなかったり

あるいはまだ
名前がついてなかったり
するきのこが
大半なのでした
きのこの
世界は
広いなあ

そして
ときどき
あっ
あれ何？

ウスタケが
群生してる…
妖艶…
びっくりするような
出来事に
出会ったりします
絵画のようだね

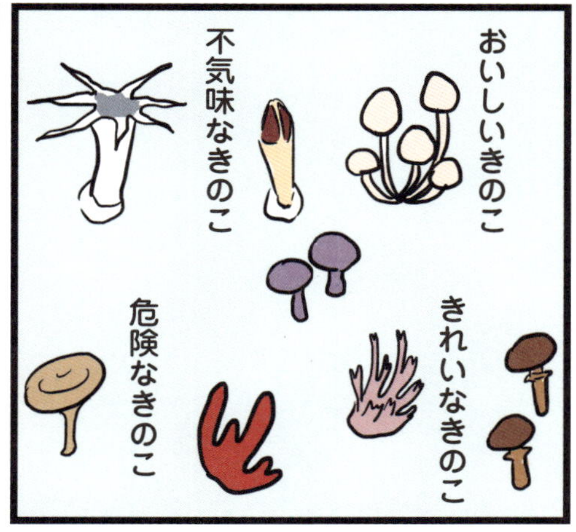
おいしいきのこ
不気味なきのこ
きれいなきのこ
危険なきのこ

きのこのことは
まだ全然わからないけれど
たぶん一生
わからない

寄り道しながら
きのこ道
歩いてゆこうと思います

Aleuria rhenana

参考文献

◉『増補改訂新版　山渓カラー名鑑　日本のきのこ』(山と渓谷社)

◉『森の休日4　見つけて楽しむ　きのこワンダーランド』写真=大作晃一｜文=吹春俊光(山と渓谷社)

◉『くらべてわかるきのこ　原寸大』写真=大作晃一｜監修=吹春俊光(山と渓谷社)

◉『子供の科学★サイエンスブックス　きのこの不思議　きのこの生態・進化・生きる環境』著=保坂健太郎(誠文堂新光社)

◉『きのこミュージアム　森と菌との関係から文化史・食毒まで』著=根田仁(八坂書房)

◉『きのこる　キノコLOVE111』著=堀博美(山と渓谷社)

◉『ときめくきのこ図鑑』文=堀博美｜写真=桝井亮｜監修=吹春俊光(山と渓谷社)

◉『珍菌　まかふしぎなきのこたち』文=堀博美｜絵=城戸みゆき｜監修=保坂健太郎(光文社)

◉『きのこの話』著=新井文彦(ちくまプリマー新書)

◉『世界の美しいきのこ』監修=保坂健太郎(パイインターナショナル)

◉『きのこのほん』写真=鈴木安一郎(パイインターナショナル)

◉『フィールドガイド10　きのこ』著=菅原光二(小学館)

◉『カラー自然ガイド8　きのこ』共著=今関六也・本郷次雄(保育社)

◉『きのこの絵本』著=渡辺隆次(ちくま文庫)

◉『キノコ切手の博物館』著=石川博己(日本郵趣出版)

◉『世界のキノコ切手』著=飯沢耕太郎｜監修=石川博己(プチグラパブリッシング)

◉『きのこ検定公式テキスト』監修=ホクトきのこ総合研究所(実業之日本社)

◉『おさんぽきのこ』著=石塚倉譜(信濃毎日新聞社)

◉『考えるキノコ　摩訶不思議ワールド』監修=佐久間大輔(LIXIL出版)

◉『マイコフィリア　きのこ愛好症　知られざるキノコの不思議世界』著=ユージニア・ボーン｜翻訳=佐藤幸治・田中涼子｜監修=吹春俊光(パイインターナショナル)

◉『地下生菌識別図鑑　日本のトリュフ。地下で進化したキノコの仲間たち』著=佐々木廣海・木下晃彦・奈良一秀(誠文堂新光社)

◉『光るキノコと夜の森』写真=西野嘉憲｜解説=大場裕一(岩波書店)

◉『しっかり見わけ観察を楽しむ　きのこ図鑑』監修=吹春俊光｜著=中島淳志、写真／大作晃一(ナツメ社)

コミックエッセイの森

2018年4月24日　第1刷発行

著者
うつろあきこ

きのこ監修
保坂健太郎［国立科学博物館］

装丁
小沼宏之
本文DTP
臼田彩穂
編集
齋藤和佳
発行人
堅田浩二
発行所
株式会社イースト・プレス
〒101-0051
東京都千代田区神田神保町2-4-7 久月神田ビル
TEL 03-5213-4700 | FAX 03-5213-4701
http://www.eastpress.co.jp/
印刷所
中央精版印刷株式会社

ISBN978-4-7816-1653-7 C0095